中国科学院战略性先导科技专项(XDA05060600)项目资助

中国主要重大生态工程固碳量评价丛书

天然林资源保护工程
一期固碳量评价

代力民　逯　非　周旺明等　著

科学出版社

北　京

内 容 简 介

本书介绍天然林资源保护工程（简称天保工程）一期的实施背景、工程范围、工程措施以及固碳效益评估的意义，系统介绍天保工程区植被和土壤的碳储量研究方法，基于不同时期的林业清查数据和土壤调查数据建立天保工程森林生态系统碳库基线，结合样地调查数据估算天保工程的碳储量、固碳速率及碳汇潜力，明确人工造林和木材调减的固碳效益，探讨天保工程实施过程中减少水土流失的固碳效益，并利用向量自回归模型分析自然因素和不同工程管理措施对工程区碳储量的影响。

本书可为森林生态系统碳循环、森林生态系统管理及林业经营等研究领域的科技人员提供天然林资源保护工程固碳评价理论和方法研究方面的参考资料，对国家和区域通过开展林业生态工程应对气候变化的战略行动计划的实施和环境管理政策的制定也具有一定的参考价值。

审图号：GS 京（2022）1573 号

图书在版编目(CIP)数据

天然林资源保护工程一期固碳量评价／代力民等著 . —北京：科学出版社，2023.5
（中国主要重大生态工程固碳量评价丛书）
ISBN 978-7-03-073884-4

Ⅰ. ①天…　Ⅱ. ①代…　Ⅲ. ①天然林–森林资源–资源保护–碳–储量–研究–中国　Ⅳ. ①S76

中国版本图书馆 CIP 数据核字（2022）第 219817 号

责任编辑：张　菊／责任校对：周思梦
责任印制：吴兆东／封面设计：无极书装

科学出版社 出版
北京东黄城根北街 16 号
邮政编码：100717
http://www.sciencep.com

北京建宏印刷有限公司印刷
科学出版社发行　各地新华书店经销
*

2023 年 5 月第　一　版　开本：720×1000　1/16
2025 年 3 月第二次印刷　印张：9 1/4
字数：200 000

定价：118.00 元
（如有印装质量问题，我社负责调换）

本书编写人员

（以姓名拼音为序）

代力民　逯　非　王　玥　王新闯

吴胜男　于大炮　周　莉　周旺明

丛 书 序 一

气候变化已成为人类可持续发展面临的全球重大环境问题，人类需要采取科学、积极、有效的措施来加以应对。近年来，我国积极参与应对气候变化全球治理，并承诺二氧化碳排放力争于2030年前达到峰值，努力争取2060年前实现碳中和。增强生态系统碳汇能力是我国减缓碳排放、应对气候变化的重要途径。

世纪之交，我国启动实施了一系列重大生态保护和修复工程。这些工程的实施，被认为是近年来我国陆地生态系统质量提升和服务增强的主要驱动因素。在中国科学院战略性先导科技专项及科学技术部、国家自然科学基金委员会和中国科学院青年创新促进会相关项目的支持下，过去近10年，中国科学院生态环境研究中心、中国科学院沈阳应用生态研究所等多个单位的科研人员针对我国重大生态工程的固碳效益（碳汇）开展了系统研究，建立了重大生态工程碳汇评价理论和方法体系，揭示了人工生态系统的碳汇大小、机理及区域分布，评估了天然林资源保护工程，退耕还林（草）工程，长江、珠江流域防护林体系建设工程，退牧还草工程和京津风沙源治理工程的固碳效益，预测了其未来的碳汇潜力。基于这些系统性成果，刘国华研究员等一批科研人员总结出版了"中国主要重大生态工程固碳量评价丛书"这一重要的系列专著。

该丛书首次通过大量的野外调查和实验，系统揭示了重大生态工程的碳汇大小、机理和区域分布规律，丰富了陆地生态系统碳循环的研究内容；首次全面、系统、科学地评估了我国主要重大生态建设工程的碳汇状况，从国家尺度为证明人类有效干预生态系统能显著提高陆地碳汇能力提供了直接证据。同时，该丛书的出版也向世界宣传了中国在生态文明建设中的成就，为其他国家的生态建设和保护提供了可借鉴的经验。该丛书中的翔实数据也为我国实现"双碳"目标以及我国参与气候变化的国际谈判提供了科学依据。

谨此，我很乐意向广大同行推荐这一有创新意义、内容丰富的系列专著。希望该丛书能为推动我国生态保护与修复工程的规划实施以及生态系统碳汇的研究发挥重要参考作用。

北京大学教授

中国科学院院士

2022 年 11 月 20 日

丛 书 序 二

生态系统可持续性与社会经济发展息息相关，良好的生态系统既是人类赖以生存的基础，也是人类发展的源泉。随着社会经济的快速发展，我国也面临着越来越严重的生态环境问题。为了有效遏制生态系统的退化，恢复和改善生态系统的服务功能，自20世纪70年代以来我国先后启动了一批重大生态恢复和建设工程，其工程范围、建设规模和投入资金等方面都属于世界级的重大生态工程，对我国退化生态系统的恢复与重建起到了巨大的推动作用，也成为我国履行一系列国际公约的标志性工程。随着国际社会对维护生态安全、应对气候变化、推进绿色发展的日益关注，这些生态工程将会对应对全球气候变化发挥更加重大的作用，为中国经济发展赢得更大的空间，在世界上产生深远的影响。

在中国科学院战略性先导科技专项及科学技术部、国家自然科学基金委员会和中国科学院青年创新促进会等相关项目的支持下，中国科学院生态环境研究中心、中国科学院沈阳应用生态研究所、中国科学院水利部水土保持研究所、中国科学院武汉植物园、中国科学院地理科学与资源研究所、中国科学院遗传与发育生物学研究所农业资源研究中心等单位的研究团队针对我国重大生态工程的固碳效应开展了系统研究，并将相关研究成果撰写成"中国主要重大生态工程固碳量评价丛书"。该丛书共分《重大生态工程固碳评价理论和方法体系》、《天然林资源保护工程一期固碳量评价》、《中国退耕还林生态工程固碳速率与潜力》、《长江、珠江流域防护林体系建设工程固碳研究》、《京津风沙源治理工程固碳速率和潜力研究》和《中国退牧还草工程的固碳速率和潜力评价》六册。该丛书通过系统建立重大生态工程固碳评价理论和方法体系，调查研究并揭示了人工生态系统的固碳机理，阐明了固碳的区域差异，系统评估了天然林资源保护工程，退耕还林（草）工程，长江、珠江流域防护林体系建设工程，退牧还草工程和京津风沙源治理工程的固碳效益，预测了其未来固碳的潜力。

该丛书的出版从一个侧面反映了我国重大生态工程在固碳中的作用，不仅为我国国际气候变化谈判和履约提供了科学依据，而且为进一步实现我国"双碳"战略目标提供了相应的研究基础。同时，该丛书也可为相关部门和从事生态系统固碳研究的研究人员、学生等提供参考。

中国科学院院士

中国科学院生态环境研究中心研究员

2022 年 11 月 18 日

丛 书 序 三

2030 年前碳达峰、2060 年前碳中和已成为中国可持续发展的重要长期战略目标。中国陆地生态系统具有巨大的碳汇功能，且还具有很大的提升空间，在实现国家"双碳"目标的行动中必将发挥重要作用。落实国家碳中和战略目标，需要示范应用生态增汇技术及优化模式，保护与提升生态系统碳汇功能。

在过去的几十年间，我国科学家们已经发展与总结了众多行之有效的生态系统增汇技术和措施。实施重大生态工程，开展山水林田湖草沙冰的一体化保护和系统修复，开展国土绿化行动，增加森林面积，提升森林蓄积量，推进退耕还林还草，积极保护修复草原和湿地生态系统被确认为增加生态碳汇的重要技术途径。然而，在落实碳中和战略目标的实践过程中，需要定量评估各类增汇技术或工程、措施或模式的增汇效应，并分层级和分类型地推广与普及应用。因此，如何监测与评估重大生态保护和修复工程的增汇效应及固碳潜力，就成为生态系统碳汇功能研究、巩固和提升生态碳汇实践行动的重要科技任务。

中国科学院生态环境研究中心、中国科学院沈阳应用生态研究所、中国科学院水利部水土保持研究所、中国科学院武汉植物园、中国科学院地理科学与资源研究所和中国科学院遗传与发育生物学研究所农业资源研究中心的研究团队经过多年的潜心研究，建立了重大生态工程固碳效应的评价理论和方法体系，系统性地评估了我国天然林资源保护工程，退耕还林（草）工程，长江、珠江流域防护林体系建设工程，退牧还草工程和京津风沙源治理工程的固碳效益及碳汇潜力，并基于这些研究成果，撰写了"中国主要重大生态工程固碳量评价丛书"。该丛书概括了研究集体的创新成就，其撰写形式独具匠心，论述内容丰富翔实。该丛书首次系统论述了我国重大生态工程的固碳机理及区域分异规律，介绍了重大生态工程固碳效应的评价方法体系，定量评述了主要重大生态工程的固碳状况。

巩固和提升生态系统碳汇功能，不仅可以为清洁能源和绿色技术创新赢得宝贵的缓冲时间，更重要的是可为国家的社会经济系统稳定运行提供基础性的能源安全保障，将在中国"双碳"战略行动中担当"压舱石"和"稳压器"的重要作用。该丛书的出版，对于推动生态系统碳汇功能的评价理论和方法研究，对于基于生态工程途径的增汇技术开发与应用，以及该领域的高级人才培养均具有重要意义。

值此付梓之际，有幸能为该丛书作序，一方面是表达对丛书出版的祝贺，对作者群体事业发展的赞许；另一方面也想表达我对重大生态工程及其在我国碳中和行动中潜在贡献的关切。

中国科学院院士

中国科学院地理科学与资源研究所研究员

2022 年 11 月 20 日，于北京

前　　言

全球气候变化是当前国际社会关注的热点问题之一，而人类活动导致的大气中 CO_2 等温室气体浓度的增加被认为是全球气候变化的主要根源。随着我国国民经济的高速发展，我国已成为全球 CO_2 排放大国。有关研究预测显示，中国 CO_2 排放总量有可能在 2025 年左右超过美国；到 2030 年左右，我国的人均 CO_2 排放量有可能超过世界平均水平。因此，我国政府面临着巨大的减排和增汇压力，碳排放将成为制约国家经济发展的严峻挑战，在适度控制工业减排的基础上，增加陆地碳汇、减少陆地碳排放是我国实现碳中和目标的重要措施。

1998 年以来，为应对生态环境日益恶化的问题，我国启动了天然林资源保护工程（以下简称天保工程）。天保工程主要解决长江上游、黄河上中游，东北、内蒙古等重点国有林区和其他地区的天然林资源保护、休养生息与恢复发展的问题。工程涉及林业用地面积 1.2 亿余公顷，其中天然林面积 0.73 亿 hm^2，占全国天然林的 69%。天保工程实施后，将新增森林面积 0.09 亿 hm^2，长江上游、黄河上中游的森林资源消耗减少 6108 万 m^3，东北、内蒙古等重点国有林区木材采伐量调减 751.5 万 m^3。森林面积的增加、木材采伐量的减少以及森林的有效管护等措施，必将大大增加森林的固碳能力。但有关天保工程固碳能力及其长期效应的研究还未受到足够的重视，缺乏统一、科学的固碳速率和潜力的评估与认证方法，不能准确认识天保工程在应对全球气候变化中的重要作用，难以在碳减排谈判中将其抵消碳排放的作用充分利用。因此，科学评估我国天保工程的固碳能力，量化我国重大生态工程在温室气体减排中的贡献，充分发挥或挖掘现有生态系统的固碳潜力，不仅可为我国制定气候变化的适应策略提供数据支撑，也可为我国的生态环境建设提供科技支撑。

由刘国华研究员作为首席科学家主持的中国科学院战略性先导科技专项项目"国家重大生态工程固碳量评价"（XDA05060000）于2011年启动。其以我国退耕还林（草）工程，天保工程，"三北"防护林体系建设工程，京津风沙源治理工程，长江、珠江流域防护林体系建设工程及退牧还草工程等生态工程为研究对象，深入开展重大生态工程固碳速率和固碳潜力的研究。本书是基于代力民研究员主持的该项目第二课题"天然林资源保护工程固碳速率和潜力研究"（XDA05060200）研究成果的总结。本书围绕天保工程区森林生态系统的固碳速率和潜力评估这一科学问题，系统介绍天保工程区森林生态系统植被和土壤固碳速率研究方法，估算天保工程区森林生态系统植被和土壤碳储量，分析不同工程措施固碳效益，探讨不同管理措施对天保工程区森林植被碳储量的影响，这些研究结果可供相关部门和领域交流与相互借鉴。希望本专著的出版能为进一步开展重大生态工程生态系统服务功能评估研究提供理论基础和技术支持。

全书由代力民研究员主持编写并统稿。其中，第1章由代力民执笔；第2章由周旺明、逯非执笔；第3章由周莉、王新闯执笔；第4

章由于大炮、王玥执笔；第5章由吴胜男、代力民执笔。

　　由于研究的阶段性及水平限制，关于天保工程区森林生态系统固碳速率与潜力的研究还有待不断深入。本书疏漏之处在所难免，敬请广大读者批评指正。

作　者

2022 年 11 月

目　　录

第 1 章 | 天然林资源保护工程简介

1.1 研究背景

全球变化对地球生态系统、人类的生存环境以及社会、经济和政治格局都产生了重大影响（Bonan，2008）。广义的全球变化主要是指温室气体浓度的增加、全球变暖、全球气候变化异常、土地荒漠化和沙漠化、臭氧层破坏、紫外辐射增加、环境污染、生物多样性丧失等一系列的生态与环境问题（陈泮勤，2004；于贵瑞，2003）。狭义的全球变化是指以大气 CO_2 浓度增加和全球变暖为主要特征的全球气候变化（Pan et al.，2011）。

地球目前正处在人类有史以来最暖的时期，除地球大气候的因素外，人类活动引起的增强的"温室效应"是全球变暖最重要的原因（李克让等，2003）。研究表明，18 世纪工业革命前一万年内大气 CO_2 的浓度基本保持在280ppmv[①]左右，从 19 世纪后半叶起，大气 CO_2 的浓度开始呈指数式增长，在短短的一百年间，浓度增加了大约76ppmv，1997 年上升到 364.3ppmv。目前，大气 CO_2 的浓度仍以每年

---

① 体积比，$1ppm = 10^{-6}$。

约 1.8ppmv 的速度增长，预计到 2030 年将达到 600ppmv（Albritton et al., 2001；Keeling and Whorf，1999）。

大气 CO_2 浓度急剧上升引发了一系列严重的环境问题，给人类的生存和社会经济的可持续发展带来了巨大的威胁（张佳华等，2006）。其中最主要的问题就是温室效应增强，从而有可能引起全球变暖。观测表明，1880 年以来北半球地面平均温度升高了 0.3 ~ 0.6℃（Albritton et al., 2001）。虽然目前还不能识别这一全球变暖现象中温室气体的贡献有多大，但大多数科学家认为大气中增强了的"温室效应"对全球平均温度的增加是有促进作用的（Dixon et al., 1994）。随着经济和社会的发展，人类活动排放的 CO_2 等温室气体逐年增加。温室气体能无阻挡地让太阳的短波辐射射向地球，并部分吸收地球向外发射的长波辐射，使整个地球成为庞大的"温室"，"温室"的气温上升。一个多世纪以来的大约 100 万个全球陆地和海洋观察记录证明，全球平均气温确实增高了，尤其是 20 世纪 80 年代以来，变暖的速度很快，全球平均气温增加了 0.5℃（王绍武，1994）。全球变暖使极地冰川融化，导致海平面上升。据估计，在最近的 100 年间，全球海平面上升了 10 ~ 20cm，到 2050 年海平面将上升 40 ~ 140cm（赵其国，1997）。气候变暖，海平面上升，将对全球的生态环境系统和人类社会的发展带来严重的影响。干旱区更为干旱，多雨区更多洪涝；海平面将以每 10 年 6cm 的速度上升，海水盐度变小，岛国难以生存，地势低洼的沿海区域将被淹没；海水污染淡水，地下水污染加剧；全球干旱频率增大，中纬度地区更为干旱、酷热，森林失火，湖泊干涸，水资源更为紧张；土壤盐渍化和沙漠化加剧。这将给全球生态系统和人类的社会经济活动带来巨大影响。因此，人类大量使用化石燃料以及土地利用变化而导致的大气 CO_2 浓度上升问题，已经成为全人类共同关心的重大全球性环境问题（于贵瑞，2003；Oreskes，2006；Bartel，2004；McKenney et al.，2004）。

全球气候变化正在改变着陆地生态系统的结构和功能，威胁着人类的生存与健康，成为世界社会经济可持续发展和国际社会所面临的最为严峻的挑战，因而如何减缓与适应全球气候变化成为 21 世纪世界各国政府和科学家们最为关注的全球性生态与环境科学问题（Janssens et al.，2003）。同时，《联合国气候变化框架公约的京都议定书》中有关温室气体减排与增汇义务的谈判又使全球气候变化的研究成为事关国家的政治、经济、外交安全的重大生态与环境科技问题（陈泮勤，2004）。因此，除了工业减排理论、技术和政策的研究外，各国科学家针对不同尺度的植被和土壤碳密度与碳储量等问题进行了大量的科学研究（于贵瑞，2003），为各国政府在环境外交和国际环境履约谈判中提供了重要的科学依据。

而森林作为陆地生态系统的主体，是地球生物圈的重要组成部分，占据了全球非冰层陆地表面的 40%（Waring et al.，1998）。与其他生态系统相比，森林生态系统分布面积最大，生物生产力和生物量积累最高，还具有丰富的物种组成和最复杂的层次结构，在地球生物圈的生物地球化学循环过程中起着重要的"缓冲器"和"阀"的作用（Kurtz and Apps，1993）。

森林作为陆地生态系统的主体，含有地面以上植被碳库的 80% 和地面以下土壤碳库的 40%（Albritton et al.，2001），作为陆地生态系统的最大碳库，在全球碳循环中发挥着源、库、汇的作用，其碳蓄积量的任何增减，都可能影响大气 CO_2 浓度的变化（Kimble et al.，2002；Lal，2005）。森林作为最主要的植被类型，通过光合作用和呼吸作用控制着大气 CO_2 的浓度（Brown and Schroeder，1999；Goodale et al.，2002）；森林生物量和净生产力分别约占整个陆地生态系统的 86% 和 70%，土壤碳储量约占世界陆地土壤总碳库的 73%（Post et al.，1982），其与大气间的年碳交换量高达陆地生态系统年碳交换量的 90%（Winjum et al.，1993），因此森林生态系统很大程度上决定了陆地生物圈是碳源还是碳汇（周玉荣和于振良，2000）。已有研究表明，我国森林生态系统近 30 年来一直表现为显著的碳汇（Fang et al.，2001；Guo et al.，2013），尤其是国家重点林业生态工程实施以后，这种碳汇效应愈加明显（刘国华，2000；胡会峰和刘国华，2006；Piao et al.，2009）。

1.2 天然林资源保护工程一期概况

1998 年特大洪涝灾害后，针对长期以来我国天然林资源过度消耗等引起的生态环境严重恶化的现实，党中央、国务院从我国社会经济可持续发展的战略高度，作出了实施天然林资源保护工程（简称天保工程）的重大决策（图1-1）。

天保工程从 1998 年开始试点，2000 年 10 月，国务院批准了《长江上游、黄河上中游地区天然资源保护工程实施方案》和《东北、内蒙古等重点国有林区天然林资源保护工程实施方案》，工程建设期为

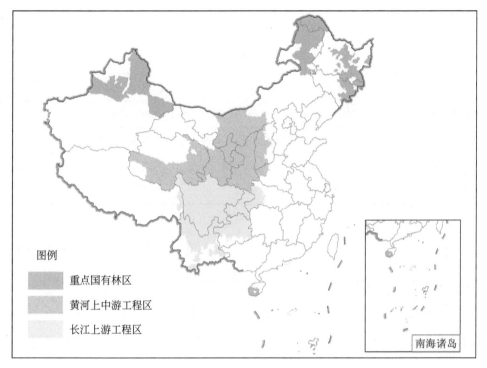

图 1-1　天保工程区分布图

2000～2010 年。工程实施范围主要包括长江上游地区、黄河上中游地区及东北、内蒙古等重点国有林区和重点国有森工企业、具有重要生态地位的地方森工企业、国有林场、集体林场，共涉及 17 个省（自治区、直辖市）724 个县（市）、160 个重点企业和 14 个自然保护区等（图 1-1）。其中，长江上游工程区以三峡库区为界，包括云南、四川、贵州、重庆、湖北和西藏 6 个省（自治区、直辖市），工程区涉及 348 个县（市）；黄河上中游工程区以小浪底库区为界，包括陕西、甘肃、青海、宁夏、内蒙古、山西和河南 7 个省（自治区），工程区涉及 328 个县（市）；东北、内蒙古等重点国有林区包括内蒙古、吉林、黑龙江、海南和新疆 5 个省（自治区）的国有林业局和国有林场，工程区涉及

76 个县（市）（表 1-1）。

表 1-1 天保工程区概况

区域	界区	包含省（自治区、直辖市）
长江上游工程区	以三峡库区为界	湖北、重庆、贵州、四川、云南、西藏
黄河上中游工程区	以小浪底库区为界	陕西、河南、山西、内蒙古、宁夏、甘肃、青海
东北、内蒙古等重点国有林区		吉林、黑龙江、内蒙古、新疆（含新疆生产建设兵团）、海南

根据各省（自治区、直辖市）实施方案进行统计，天保工程区内林业用地面积为 269.54 万 km²，占我国陆地国土面积的 28.08%。天保工程区有林地面积为 69.37 万 km²，其中重点国有林区天保工程区有林地面积为 29.01 万 km²，黄河上中游天保工程区有林地面积为 11.45 万 km²，长江上游天保工程区有林地面积为 28.91 万 km²（图 1-2）。天保工程区的天然林面积为 56.4 万 km²，约占全国天然林面积的 54%（图 1-3）。

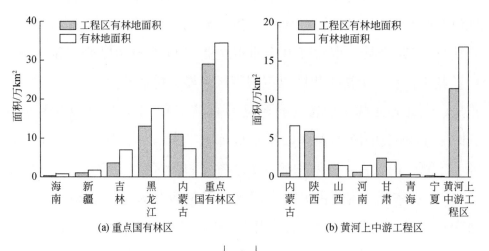

(a) 重点国有林区   (b) 黄河上中游工程区

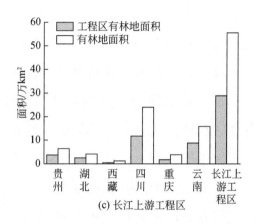

图 1-2　天保工程区不同区域有林地面积

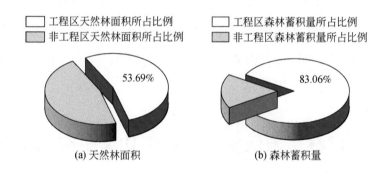

图 1-3　天保工程区天然林面积和森林蓄积量占全国天然林面积和森林蓄积量比例

　　天保工程内容可以分为森林区划、生态公益林建设、商品林建设、转产项目建设、人员分流、工程保障体系建设六大项任务。其目的是逐步实现木材生产由主要采伐利用天然林向经营利用人工林的方向转变，并建立完备的林业生态体系和合理的林业产业体系。其中，东北、内蒙古等重点国有林区包括森林分类区划、木材产量调减、森林资源管护、富余人员安置、木材供需问题解决、基本养老与政社支出补助六大块内容，林业活动侧重于木材产量调减与森林资源管护；长江上游工程区、黄河上中游工程区包括全面停止天然林采伐、森林资源管护、森林防火设施建设、宜林荒山荒地造林种草、种苗供应基地建设、科技支撑体系建设、富余人员安置、基本养老与政社支出补助八大块内容，与重点国有林区相比，侧重于宜林荒山荒地造林种草。

　　天保工程一期实施进展顺利。长江上游、黄河上中游工程区 13 个省（自治区、直辖市）已在 2000 年全面停止了天然林的商品性采伐；东北、内蒙古等重点国有林区木材产量由 1997 年的 1854 万 m^3 按计划调减到 1213 万 m^3；工程区内 14.13 亿亩[①]森林得到了有效管护；累计完成公益林建设任务 1.75 亿亩，其中人工造林和飞播造林 6600 万亩，封山育林 1.09 亿亩；分流安置富余职工 67.5 万人（不含试点期间）。工程建设已取得了明显的阶段性成效，工程区发生了一系列深刻变化。天保工程二期于 2011 年启动。

1.3　天然林资源保护工程碳汇功能研究的必要性

　　大气中 CO_2 浓度的升高作为全球气候变暖的主要原因之一，已经受到了国内外专家学者的广泛关注（Albritton et al.，2001）。为了减缓大气中 CO_2 的增加，保护全球气候系统，《联合国气候变化框架公约的京都议定书》作为《联合国气候变化框架公约》的补充条款，于1997 年 12 月在日本东京由《联合国气候变化框架公约》参加国三次会议制定。其目标是：将大气中的温室气体含量稳定在一个适当的水

---

① 1 亩≈666.67m²。

平，进而防止剧烈的气候变化对人类造成的伤害。其在条例3.3和条例3.4中首次明确提出人类可以通过对陆地生态系统的有效管理来增加其固碳能力，并且管理的成效可用以抵消承担减排任务的国家的碳减排份额，这些管理措施包括减少森林砍伐、造林、再造林（限1990年以后）与加强对现有陆地生态系统（森林、草地、农田、湿地）的肥料、病虫害、火灾和抚育管理等（UNFCCC，1997）。

林业碳汇是通过造林、再造林、森林管理与减少毁林等活动，利用森林植物从大气中清除CO_2的过程、活动或机制，它在减少大气CO_2浓度上升问题上有着特殊的、不可替代的作用。林业碳汇调控全球碳循环动态和影响气候变化的作用非常重要。2001年，经国务院批准，原有的多项林业工程整合为天然林资源保护、"三北"（包括东北、华北北部、西北地区）及长江中下游生态防护林体系建设、退耕还林还草、环京津风沙源治理、野生动植物保护及自然保护区建设、速生丰产林基地建设六大工程，标志着我国林业建设进入了一个崭新的发展阶段。为了正确评估林业工程在林业碳汇方面的作用与影响，很多专家学者对我国不同区域实施的林业工程固碳能力进行了研究与分析。

天保工程投资规模大，政策保障性强，因此工程产出多少价值是一个值得探讨的命题，碳汇作为其产出之一，不仅具有重要的生态意义，还具有一定的战略意义。天保工程不仅对我国生态环境的改善起着重要的作用，而且在陆地生态系统碳固定方面发挥着巨大的作用，因此，明确天保工程的固碳能力是目前区域碳储量研究的热点内容之一（胡会峰和刘国华，2006；吴庆标等，2008）。

第 2 章 | 天保工程区森林碳储量估算方法

2.1 植被碳储量估算方法

森林植被生物量估算是陆地生态系统碳循环和碳动态分析的基础，是全球生态学研究的重要内容之一（蒋延玲和周广胜，2001；邢艳秋和王立海，2007；杨清培等，2003）。森林植被生物量可通过直接测量和间接估算两种途径得到（West，2004）。直接测量采用收获法，该方法虽然准确度最高，但对生态系统的破坏性大且耗时费力；间接估算则是采用生物量相对生长方程法、平均生物量法、生物量转换因子连续函数法及遥感方法进行估算。收获法或生物量相对生长方程法多用于样地尺度的森林生物量研究，而区域尺度的森林生物量研究多采用平均生物量法、生物量转换因子连续函数法及遥感方法进行估算（于贵瑞，2003）。

生物量相对生长方程为生物量与易于测量的植株形态学变量（如胸径、树高等）间数量关系的统称（Ketterings et al.，2001）。生物量相对生长方程的构建通常采用平均标准木法或径级标准木法，即先破坏性测量有限数量的标准木，然后建立全部或部分生物量与易于获得的植株形态学变量（如胸径、树高等）间的数量关系（Salis et al., 2006）。

区域及国家尺度的森林生物量估算方法简要介绍及代表性研究见表 2-1。

表 2-1　区域及国家尺度的森林生物量估算方法

方法	方法介绍	代表性研究
平均生物量法	平均生物量法是指基于野外实测各类型森林样地的单位面积生物量，乘以该类型森林面积，从而推算出区域森林生物量。还可以利用资源清查的样地数据，基于该森林类型的生物量相对生长方程计算样地生物量，然后推算区域森林生物量。早期应用较多，但由于样地选择的主观性，估算精度较差	李文华和罗天祥（1997）；罗天祥和赵仕洞（1997）
生物量转换因子连续函数法	生物量转换因子连续函数法是利用林分生物量与木材材积比值的平均值或连续函数乘以该森林类型的总蓄积量，得到该类型森林总生物量的方法。由于生物量和蓄积量的关系还与森林类型、年龄、立地条件和林分密度有关，所以采用常数的生物量转换因子不能准确估算森林生物量；采用连续函数法则需注意模型的稳健性与适用性	Fang 等（2001）；Smith 等（2003）；Pan 等（2004）；徐新良 等（2007）；黄从德（2008）；周传艳等（2007）
遥感方法	遥感方法是根据植物对太阳辐射的吸收、反射、透射及其辐射在植被冠层内及大气中的传输，结合植被生产力的生态影响因子，在卫星接收到的信息之间建立完整的数学模型及其解析式进行遥感信息与环境因子的反演。由于技术问题，成功的案例并不多，特别是对于年龄结构及树种组成复杂的森林生态系统，其效果更不理想	Lu（2005）；杨存建 等（2004）；Tan 等（2007）；王立海和邢艳秋（2008）

基于东北典型林区露水河林业局森林资源数据、野外调查数据和

不同精度的遥感数据，探讨利用不同方法估计天保工程区植被碳储量的可行性。需要说明的是，森林植被生物量由乔木层、灌木层和草本层组成，但由于与乔木层相比，林下灌木层和草本层生物量要小得多，因此本研究中的植被生物量不包括林下灌木层和草本层的生物量。

研究区露水河林业局（127°29′E~128°02′E，42°24′N~42°49′N）位于吉林抚松县境内、长白山西北麓（图2-1）。全局经营区东西宽40km，南北长约50km，总经营面积121 295hm²。研究区东南部地势起伏不大，比较平坦，西北部起伏较大，南部为起伏的熔岩高台地；研究区属于中温带大陆性气候，气温较低，降水充沛，年平均气温0.9~

图2-1 研究区域位置

1.5℃。研究区植被属于长白山顶级植物群落区系，主要为红松阔叶混交林。森林高大茂密，郁闭度高，多为成、过熟林，林内万木参天，层次明显，结构复杂。露水河林业局于 1965 年重新建局，1970年开始采伐，是长白山林区森林经营具有代表性的区域之一，共区划为 8 个林场，主要从事木材和锯材生产。20 世纪 80 年代以前，采伐方式为大面积皆伐，后改为采育兼顾伐和径级伐，后又回到大面积皆伐，由于脱离技术规程，形成了大面积的"四不像"伐区。至20 世纪 80 年代末，露水河林业局经营策略渐趋科学，并呈多样化趋势。1998 年国家开始实施天保工程，2000 年国家又进一步实施了退耕还林工程。相应地，露水河林业局的森林经营策略在这期间也发生了改变。

国家森林分类经营系统于 1998 年开始试运行，根据该系统，露水河林业局森林被划分为重点公益林、一般公益林和商品林。

露水河林业局于 2003 年正式实施的国家森林分类经营系统将森林分为两个大的类别：商品林和公益林。公益林又进一步分为重点公益林和一般公益林。重点公益林区完全禁伐；一般公益林区只允许为了改善林分生长而进行的采伐。为了满足木材生产需要，商品林区可以适当发展速生林。

2.1.1 平均生物量法

针对东北林区植被分布的主要特征，本研究分别在露水河林业局选择了 3 种主要的温带森林类型——针叶混交林、针阔混交林和阔叶混交林，每个森林类型均包括4个龄组——幼龄林，中龄林，近、成熟林和过熟林，各森林类型龄组划分标准主要参照《中国森林资源清查》（肖兴威，2005）（表2-2）。野外调查期间，样地林龄主要根据样地内的优势树种以及当地林业局的历史资料和林相资料等确定。

表2-2　不同森林类型的龄组划分标准　　　　　（单位：年）

植被区	森林类型	龄组			
		幼龄林	中龄林	近、成熟林	过熟林
温带林	针叶混交林（CMF）	≤40	41～80	81～140	≥141
	针阔混交林（CBF）	≤40	41～80	81～140	≥141
	阔叶混交林（BMF）	≤30	31～50	51～80	≥81

选择森林类型和龄组相同、地形条件相似的样地作为重复，每块样地至少三个重复，共设置样地179块，样地面积均为400m²（20m×20m），且所有样地均随机分布在重点公益林区、一般公益林区和商品林区。

结果表明，该区域森林类型植被碳密度分别由幼龄林的69.0～79.6Mg/hm²增大到过熟林的371.4～437.9Mg/hm²，乔木碳密度增加的幅度以近熟林到过熟林最大，其中阔叶混交幼龄林最小（69.0Mg/hm²），而针阔混交过熟林最大（437.9Mg/hm²）［图2-2（a）］。此外，从不同经营区来看，重点公益林区的近、成熟林碳密度最高，达到375.0Mg/hm²［图2-2（b）］。结合整个露水河林业局不同森林类型面积，可以得到该区域森林植被碳密度为（68.8±30.6）Mg/hm²。

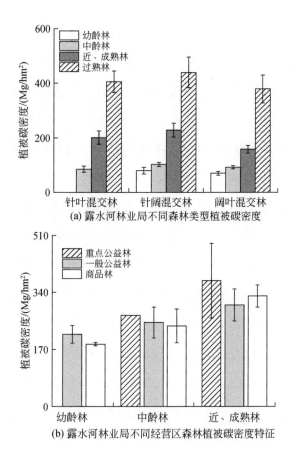

(a) 露水河林业局不同森林类型植被碳密度

(b) 露水河林业局不同经营区森林植被碳密度特征

图 2-2　露水河林业局森林类型植被碳密度

2.1.2　生物量转换因子连续函数法

对于区域森林生态系统生物量的研究，在前述三种方法中（表 2-1），目前普遍认为最有效、最可靠的是生物量转换因子连续函数法（Fang et al.，1998；陈遐林，2003），这种方法实质上是将基于生态学研究直接测量的生物量数据与国家森林资源调查数据巧妙地结合在一起，利用生态学的生物量样地调查获得不同森林类型可靠的生物量测量数据，利用国家森林资源调查资料获得区域或国家尺度的森林资源状态的全面信息，使两类不同来源的数据都得到充分而有效的利用。

收集东北地区 609 块生物量样地的数据（徐新良等，2007），数据主要包括样地编号、地点、地理位置（纬度、经度、海拔）、林分起源、林分优势树种、树种编号、林分的平均年龄和密度、林分单位面积蓄积量和生物量等。为了计算样地乔木生物量，研究人员收集了罗天祥（1996）博士论文中 333 个有关乔木相对生长模型、《东北主要林木生物量手册》（陈传国和朱俊凤，1989）中乔木相对生长模型以及其他有关东北地区乔木相对生长模型研究结果。为了计算样地乔木蓄积量，还收集了相应研究区的乔木蓄积量模型。

将收集的和实地调查的 1156 块样地的森林类型归并为 11 个林型（图 2-3），然后利用样地的生物量和蓄积量数据，通过统计回归分析建立不同森林类型的生物量–蓄积量线性拟合方程式（2-1），各林型参数见表 2-3，根据计算得到不同森林类型的单位面积生物量，结合各省、市、县（区）的森林资源二类调查（简称森林二调）汇总数据来计算各省、市、县（区）的总碳储量，见式（2-2）。

$$W_i = aV_i + b \qquad (2\text{-}1)$$

式中，W_i 为森林类型 i 单位面积生物量（$\mathrm{Mg/hm^2}$）；V_i 为森林类型 i 单位面积蓄积量（$\mathrm{m^3/hm^2}$）；a 和 b 为参数。

$$C_t = \sum_{i=1}^{n} A_i W_i C_{Ci} \qquad (2\text{-}2)$$

式中，C_t 为某县、市、盟或省的林分碳储量（Mg）；W_i 为该区域某一森林类型单位面积生物量（Mg/hm^2）；A_i 为该区域森林类型 i 的面积（hm^2）；C_{Ci} 为该区域森林类型 i 的含碳率。

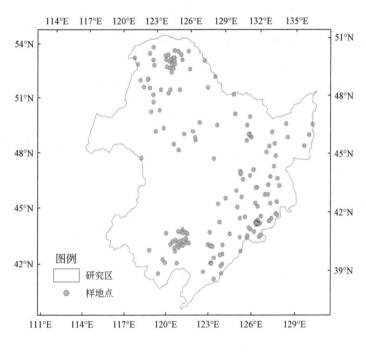

图 2-3　乔木样方空间分布图

选择线性模型是因为线性生物量-蓄积量模型简单地实现了由样地调查向区域推算的尺度转换，且根据生物量-蓄积量线性模型推算区域尺度的森林生物量时结果较稳健；而其他函数形式从实测资料建立的生物量与蓄积量之间的关系推广到处理大尺度的森林资源清查资料时，存在严重的数学推理问题，即难以实现由样地调查到区域推算尺度的精准转换（方精云和陈安平，2001）。

根据上述方法，建立的不同林分类型的生物量-蓄积量回归模型（$W=aV+b$），参数见表 2-3。

表 2-3　东北地区森林乔木生物量–蓄积量回归模型参数

林分类型	a	b	样本数/个	R^2
红松林	0.6341	7.1342	88	0.9904
落叶松林	0.5904	21.8023	141	0.9148
油松林	0.8223	8.0555	217	0.9934
樟子松林	0.4049	51.8038	82	0.6063
云冷杉林	0.4441	26.2912	18	0.9771
柞木林	1.2071	−2.9888	26	0.9968
槐树林	0.5751	38.6990	11	0.9999
桦树林	0.5233	35.7153	45	0.9117
杨树林	0.6350	20.5729	99	0.8985
针阔混交林	0.6830	13.4424	226	0.9174
阔叶混交林	0.7045	16.3649	203	0.8882

　　基于表 2-3 中的参数，结合露水河林业局森林二调数据，计算出 1995 年、2005 年和 2010 年露水河林业局植被碳密度分别为 67.88Mg/hm^2、68.10Mg/hm^2 和 68.13Mg/hm^2（表 2-4）。

表 2-4　露水河林业局不同时期植被碳密度

年份	方法	森林面积/万 hm^2	生物量/10^7 Mg	碳密度/（Mg/hm^2）
1995	森林二调数据	11.039	1.4986	67.88
2003	森林二调数据	11.442	1.5584	68.10
2010	森林二调数据	11.516	1.5692	68.13

2.1.3 遥感方法

2.1.3.1 研究内容与技术路线

以东北地区典型区域森林生态系统为研究对象，利用多源、多时相遥感数据，结合样地调查，建立生物量与遥感因子的遥感反演生物量模型，进而利用模型估测研究区域森林生物量空间分布及动态（图2-4）。

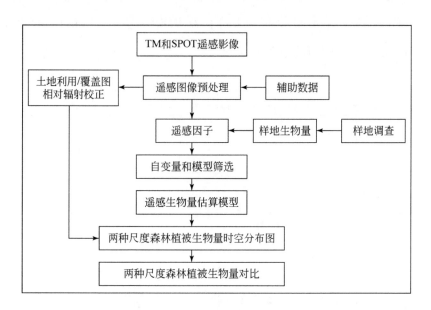

图 2-4　技术路线图

2.1.3.2 数据收集及处理

为进行建模研究收集如下资料：研究区森林生物量样地数据、研究区的 SPOT 和 Landsat 遥感影像数据、研究区 DEM、研究区林相图。

1）样地数据选择和处理

本研究中，森林生物量指的是胸径大于 2cm 的活立木的生物量之和。样地调查在露水河林业局东升林场进行，共设 30m×30m 或 20m×20m 的样地 76 块。样地位置全部采用 GPS 进行定位。样地的分布如图 2-5 所示。对所有样地中胸径大于 2cm 的乔木进行每木检尺。将实测的样地乔木胸径和树高代入收集的对应树种相对生长方程式（2-3）计算样地乔木生物量，进而求取样地单位面积生物量式（2-4）。

$$\mathrm{TB} = a \times D^b \times H^c \quad \text{或} \quad \mathrm{TB} = a \times D^b \tag{2-3}$$

式中，TB 为单株乔木生物量（kg）；D 为乔木胸径（cm）；H 为树高（m）；a、b 和 c 均为方程参数。

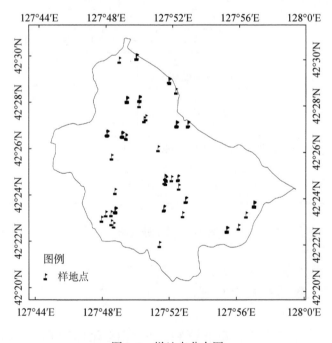

图 2-5　样地点分布图

$$W = \frac{\sum_{i=1}^{N} \mathrm{TB}_i}{A} \quad (2\text{-}4)$$

式中，W 为样地单位面积生物量（$\mathrm{Mg/hm^2}$）；TB_i 为样地单株乔木生物量（Mg）；N 为样地乔木数；A 为样地面积（$\mathrm{hm^2}$）。

样地的详细信息如表 2-5 所示。从表 2-5 可知，样地所包括的森林类型和东升林场的森林类型组成基本相同。

表 2-5　样地三种林型特征

森林类型	样地数/个	胸径平均值/cm	生物量范围/($\mathrm{Mg/hm^2}$)
针叶林	17	7.0 ~ 18.6	38.86 ~ 430.01
针阔混交林	35	8.3 ~ 21.2	62.61 ~ 324.53
阔叶林	24	8.6 ~ 12.2	57.39 ~ 218.23

2）影像数据及处理

研究使用了 1999 年、2007 年的 Landsat 数据和 1998 年、2008 年的 SPOT 数据。露水河林业局横跨两景 Landsat 影像，由于数据源的限制，只获取到能完整覆盖东升林场的不同时相的两景影像，所以应用 Landsat 数据仅仅反演和估算露水河林业局的东升林场的森林生物量。Landsat 的两期数据的获取日期分别是 1999 年 6 月 30 日和 2007 年 7 月 14 日，相隔 8 年并且日期相近，图像拍摄时的太阳高度角和植被长势都比较相近。由 Landsat 5 卫星获取 1999 年 TM 影像，分辨率为 30m×30m，由 Landsat 7 卫星获取 2007 年 ETM+影像，分辨率为 30m×30m（数据由国际科学数据服务平台提供）。

露水河林业局也横跨两景 SPOT 影像，本研究采用从北京视宝卫星图像有限公司购买的六景 SPOT 影像，它们分别是 1998 年 7 月 28 日的 SPOT1 全色影像、1998 年 9 月 27 日的 SPOT2 全色影像、2008 年 9 月 23 日的 SPOT4 全色和多光谱影像及 2008 年 9 月 27 日的 SPOT4 全色和多光谱影像。影像缩略图如图 2-6 所示。

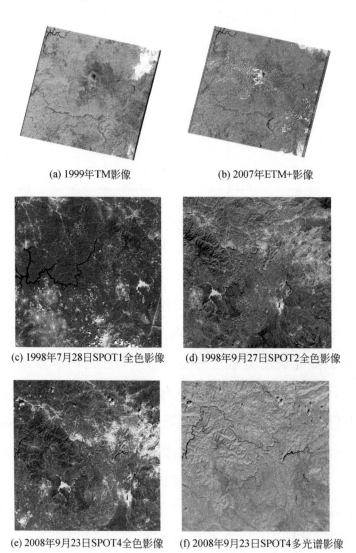

(a) 1999年TM影像　　　　　　　(b) 2007年ETM+影像

(c) 1998年7月28日SPOT1全色影像　　　(d) 1998年9月27日SPOT2全色影像

(e) 2008年9月23日SPOT4全色影像　　　(f) 2008年9月23日SPOT4多光谱影像

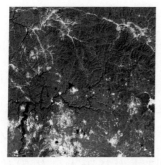 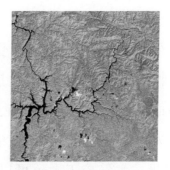

(g) 2008年9月27日SPOT4全色影像　　(h) 2008年9月27日SPOT4多光谱影像

图 2-6　研究用 Landsat 和 SPOT 原始影像缩略图

（1）转换 DN 值为表观反射率。

由于两张影像都是灰度值（DN 值，digital number），必须转换为反射率才能进行后续运算，如 NDVI（normalized difference vegetation index）运算，否则是不严密的。由灰度值转换为反射率的过程如下。

首先将灰度值转换为辐射能量值，见式（2-5）。

$$L_\lambda = (DN_\lambda \cdot gain_\lambda) + bias_\lambda \qquad (2-5)$$

式中，L 为辐射能量值；λ 为某波段；gain 和 bias 分别为影像的增益与偏置，可从影像的头文件中读取。

然后，计算行星反射率，见式（2-6）。

$$\rho_\lambda = \frac{\pi \cdot L_\lambda d^2}{E_{sun\lambda} \cdot \cos\theta} \qquad (2-6)$$

式中，ρ 为行星反射率；λ 为某波段；L_λ 为传感器光谱辐射值，即大气顶层的辐射能量；d 为日地天文单位距离；$E_{sun\lambda}$ 为大气顶层的太阳平均光谱辐射，即大气顶层太阳辐照度；θ 为太阳天顶角（单位为弧度）。

经过这项转换后，影像获取时间不同造成的太阳高度角不同而导致的差异得到了纠正。

（2）大气校正。

传感器在获取地物信息过程中受到大气分子、气溶胶和云粒子等大气成分吸收与散射的影响，因此其获取的遥感信息中带有一定的非目标地物的成像信息，数据预处理达不到定量分析的精确度。因此，大气校正成为遥感信息定量化研究中不可缺少的一个重要环节。经过30多年的发展，大气校正大致可以归纳为基于大气辐射传输理论模型、基于图像特征模型和基于地面线性回归的经验模型3种方法。

研究表明，基于大气辐射传输理论模型方法进行大气校正，计算出的反射率精度高，但需要测量和输入多种大气环境参量。基于图像特征模型的优点是计算简便，但是其中一些因素的确定带有主观性。基于地面线性回归的经验模型简单、易实现，方法物理意义明确，但在数据获取时需进行地面同步或准同步波谱测试，这对大范围和地形复杂区域几乎是难以实现的。

综合考虑基于3种模型的大气校正方法的特点，结合所采用的遥感影像，本研究借助于 ENVI（The Environment for Visualizing Images）平台，采用精度较高的辐射传输模型中较常用的 FLAASH（Fast Line-of-sight Atmospheric Analysis of Spectral Hypercubes）对遥感影像进行大气校正，反演地面反射率。

（3）图像几何校正。

Landsat 和 SPOT 影像的初始坐标系统不同，而且影像在获取时，存在不同程度的畸变，为了统一坐标系统和校正影像畸变，将8景影像统一校正到北京54坐标系。选择多项式模型和最邻近点重采样法，利用 ERDAS（Earth Resource Data Analysis System）软件中的图像几何校正功能模块进行图像几何校正。设定参数：多项式阶数为 3 项、自建投影类型为高斯-克吕格投影、克拉索夫斯基椭球体、原点是普尔科沃 (1942 年)、每景影像平均采集 36 个地面控制点 (ground control point, GCP)。其中, GCP 点的实地坐标是通过对地图点和已校正的影像的交互采集完成的, 并使用手持式 GPS 对部分点进行实地测量验证。地图使用 1∶25 000 林相图, 坐标系统为北京 54 坐标系。

经过几何校正后, 所有 GCP 点误差均小于一个像元, 其中平均 x 坐标误差为 0.1673 个像元、平均 y 坐标误差为 0.1846 个像元、总坐标误差为 0.2634 个像元, 均满足校正精度要求。

(4) 图像直方图匹配与拼接。

露水河林业局跨越两景 SPOT 影像, 为了获取露水河林业局完整影像, 需要对两景影像实施拼接。但两景影像获取时相不同, 其影像上同种地物也存在一定差异, 为了消除这种差异, 需要对影像进行相对辐射校正。由于需要拼接的两景影像时相差异不大, 本研究利用 ERDAS 软件采用直方图匹配方法进行校正, 校正后, 影像辐射亮度趋于一致, 效果良好, 如图 2-7 所示。

(5) 图像切割。

图像切割的目的是把研究区从经过几何校正、具有地理坐标的整景遥感影像上分离出来, 以便后续处理。本研究在 ArcGIS 平台下, 利用露水河林业局境界线和东升林场境界线分别对 SPOT 和 Landsat 数据进行了裁剪。

(6) 地形校正。

复杂地形地表接收到的太阳辐射受太阳、大气和地形等多种因素

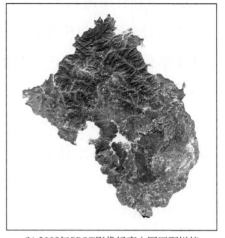

(a) 2008年SPOT影像未经直方图匹配拼接　　　　(b) 2008年SPOT影像经直方图匹配拼接

图 2-7　直方图匹配效果对比

的影响，因而地表接收到的太阳辐射能量具有非均一性。卫星传感器如 MSS、TM、SPOT 和 IKONOS 等获得的影像由于受到地形起伏即坡度和坡向变异影响而导致阴阳坡影像辐射亮度存在差异，即阳坡较亮，而阴坡较暗。复杂地形地区遥感影像的这种辐射畸变称为地形效应。产生这种现象的主要原因是传感器方位与目标影像区的太阳高度及方位相关，这就造成有些影像区处于阴影覆盖下，而另一些却处于过度感光状态。

地形校正是指通过各种变换，将所有像元的辐射亮度变换到某一参考平面上（通常取水平面），从而消除地形起伏而引起的影像辐射亮度值的变化，使影像更好地反映地物光谱特性，即对遥感影像由于地形不规则形状而导致的太阳辐射亮度值差异进行校正。其目标是消除所有地形不规则形状而导致的辐射亮度值的差异，即地形效应，以便使具有相同反射率的两个不同太阳方位角的物体表现出相同的波谱响应。

地形校正作为辐射校正的一部分，是遥感影像分析预处理的重要内容，对遥感影像定量化研究具有重要意义。国内外学者对地形校正做了大量研究，并提出了许多地形校正算法，如 Cosine 校正、C 校正法、SCS 校正、SCS+C 校正、变经验系数（VECA）法等。本研究将上述地形校正算法应用于研究区影像地形校正，通过对比校正前后影像变化及参数分析，发现 VECA 法效果最好。最终确定使用 VECA 法对研究区地形进行校正。VECA 校正模型计算公式为

$$L_m = \frac{L \times L_a}{m \times \cos i + b} \tag{2-7}$$

式中，L_m 为校正后像素亮度；L 为校正前像素亮度；L_a 为校正前像素平均亮度；i 为太阳有效入射角；m 和 b 为影像亮度值与 $\cos i$ 线性回归方程的斜率和截距。校正效果实例如图 2-8 所示。

(a) 2008年SPOT影像未经地形校正　　　　(b) 2008年SPOT影像地形校正后

图 2-8　地形校正效果对比

3）影响因子数据计算及获取

根据 2007 年 Landsat 反射率影像数据，计算以下植被指数：NDVI、DVI、SR 和 RSR。

$$NDVI = (NIR - Red)/(NIR + Red) \tag{2-8}$$

$$DVI = (NIR - Red) \tag{2-9}$$

$$SR = (NIR/Red) \tag{2-10}$$

$$RSR = SR\left(1 - \frac{SWIR - SWIR_{min}}{SWIR_{max} - SWIR_{min}}\right) \tag{2-11}$$

式中，NDVI、DVI、SR 和 RSR 分别为归一化植被指数、差分植被指数、比值植被指数和校正植被指数；NIR 为近红外波段；Red 为红光波段；$SWIR_{max}$ 和 $SWIR_{min}$ 分别为短波红外波段反射率的最大值和最小值；SWIR 为短波红外波段反射率。

2.1.3.3 统计回归模型的建立

1）变量筛选

以遥感信息源为基础，建立森林生物量估测模型，自变量应是通过遥感影像所能获取的地面样地信息。遥感影像能够提供的信息包括各波段的灰度值、灰度比值及色彩等。这些信息作为模型的自变量，因变量是地面样地森林生物量的测定值。

建模前，需对可能影响模型预测精度的因素进行分析，尽量克服不利因素。根据遥感机理及文献总结，可能影响模型预测精度的因素为：①卫星影像与地面调查的时相吻合程度；②遥感数据的几何校正精度；③地面样地点的几何坐标精度；④地形（如阴影等）的影响；

⑤辐射信号在生物量中等水平上的饱和度；⑥植被与土壤背景之间的相互影响。

为了削弱以上因素的不利影响，考虑 1998 年的 SPOT 数据只有全色波段，决定以 2007 年 TM 影像的遥感数据和 2008 年 SPOT 数据全色波段为自变量，以实地调查的数据推算的样地森林生物量值（在这里将其视为实测值）为因变量来建立森林生物量遥感估算模型。Landsat数据的自变量包括三个可见光波段（TM1、TM2 和 TM3）、一个近红外波段（TM4）和两个短波红外波段（TM5，1.55 ~ 1.75μm；TM7，2.08 ~ 2.35μm）的反射率值，以及前面获取的四个植被指数（NDVI、DVI、SR 和 RSR），而 SPOT 数据只用全色波段。

为克服手持 GPS 在密林中定位的不稳定性以及影像几何校正时存在的误差，又以样地点为中心分别提取 1 像元×1 像元、2 像元×2 像元、3 像元×3 像元、4 像元×4 像元和 5 像元×5 像元的缓冲区内对应的平均反射光谱值作为样地点的遥感数据，即模型的输入数据，与相应的地面实测森林生物量进行模型拟合，对比结果选取最优，并做预测效果对比。最终确定以地面调查样地为中心，Landsat 数据提取3 像元×3 像元的缓冲区内对应的平均反射光谱值作为样地点的遥感数据，SPOT 数据提取 2 像元×2 像元的缓冲区内对应的平均反射光谱值作为样地点的遥感数据，即模型的输入数据，与相应的地面实测森林生物量进行模型拟合。

在获取样地对应的自变量后，利用 Pearson 相关系数进行变量的筛选，筛选出最适宜变量用于生物量的估算，Landsat 数据待选变量筛选结果见表2-6。

表 2-6 Landsat 数据待选自变量与生物量的相关系数

IV	TM1	TM2	TM3	TM4	TM5	TM7	DVI	SR	NDVI	RSR
W	−0.596	−0.714	−0.517	−0.860	−0.668	−0.562	−0.856	−0.777	−0.811	−0.665

注：IV 为自变量；W 为生物量；$P<0.01$

由表 2-6 可知，所有的十个变量和森林生物量均显著相关（$P<0.01$）。其中，第四波段 TM4 和 DVI 是筛选出的最适宜的两个变量，因为它们和森林生物量的相关系数更高。

对于 SPOT 数据，分别选用以样地为中心的 2 像元×2 像元的缓冲区原始 DN 值、表观反射率（TOA）和地物反射率（PAC）作为待选变量，SPOT 数据待选变量筛选结果见表 2-7。

表 2-7 SPOT 数据待选自变量与不同林型样地生物量的相关系数

林型	DN	TOA	PAC
混交林	−0.923	−0.913	−0.923
阔叶林	−0.864	−0.868	−0.850
针叶林	−0.909	−0.905	−0.900

注：$P<0.01$

由表 2-7 可知，三变量和不同林型样地的森林生物量均显著相关（$P<0.01$），对于混交林，DN 值、地物反射率与样地的森林生物量相关系数最大；对于阔叶林，表观反射率与样地的森林生物量相关系数最大；对于针叶林，DN 值与样地的森林生物量相关系数最大；考虑到模型应用的便捷性以及相关系数相差无几，选择 DN 值作为反演森林生物量的估算变量。

2）模型筛选

对于 Landsat 数据，以样地生物量密度为因变量，分别以筛选出的两个变量为自变量，利用 SPSS 软件，对生物量进行多目标函数拟合，而后从模型参数的调整后相关系数、残差平方和综合考虑，筛选出最优模型用以估算森林生物量。

表 2-8 给出了三个较好的模型及其 P、R^2 和 MSE。从表 2-8 中可知，以 TM4 为自变量的 Inverse 模型，其调整后的 R^2（$R^2 = 0.765$）值较高和 MSE（MSE = 1621.014）值最低，因此该模型被选为最优模型。式（2-12）为最终的模型，可用于计算东升林场的森林生物量。

表 2-8　Landsat 数据自变量与森林生物量的不同模型

自变量	模型	P	R^2	MSE
TM4	Linear	2.780×10^{-23}	0.739	1797.433
	Inverse	5.983×10^{-25}	0.765	1621.014
	Quadratic	1.019×10^{-23}	0.766	1636.941
DVI	Linear	6.712×10^{-23}	0.733	1840.551
	Inverse	2.072×10^{-22}	0.761	1647.336
	Quadratic	1.615×10^{-23}	0.760	1674.768

$$B = \frac{216.164}{B4} - 529.363 \qquad (2-12)$$

式中，B 为生物量密度（Mg/hm^2）；B4 为 TM4 的反射率。

对于 SPOT 数据，其模型筛选情况如表 2-9 所示。对于模型的筛选，综合对比并考虑到模型应用的方便，混交林最优模型应为 Linear 模型，阔叶林最优模型应为 Inverse 模型，针叶林最优模型应为 S 模型，三种林型的反演模型如式（2-13）～式（2-15）所示。但是，对于模型优劣的评判，不仅要从模型本身参数的指标比较确定，还需要根据未参与模型建立的样地调查数据进行验证。由于本次样地数据全部用于建模，所以没有从样地尺度上对模型进行评判，而是利用前期基于 2003 年森林二调数据和林相图得到的研究区森林生物量分布图从小班尺度上进行了验证，验证结果发现：基于 TM 数据所建立的 Inverse 模型在东升林场内的反演结果与小班尺度森林生物量变化基本一致，且利用筛选出的基于 SPOT 数据的模型在东升林场内的反演结果与小班尺度基本吻合，但在地形起伏较大的研究区东北和西北部存在较大偏差，存在过高估算森林生物量的情况，通过对模型进行综合对比验证和分析，最终确定基于 SPOT 反演露水河林业局的模型为线性模型。模型如式（2-16）～式（2-18）所示。

表 2-9　SPOT 数据三种林型备选模型对比

林型	模型	P	R^2	MSE
混交林	Linear	1.581×10^{-15}	0.858	718.169
阔叶林	Quadratic	1.144×10^{-14}	0.865	680.944
	Cubic	1.150×10^{-14}	0.866	680.729
	Inverse	7.600×10^{-16}	0.864	689.208
	Linear	1.581×10^{-15}	0.795	520.254
	Compound	2.589×10^{-9}	0.807	679.249

续表

林型	模型	P	R^2	MSE
阔叶林	Growth	2.589×10^{-9}	0.807	679.249
	Exponential	2.589×10^{-9}	0.807	679.249
针叶林	Linear	2.251×10^{-6}	0.808	3195.911
	Cubic	1.338×10^{-7}	0.912	2125.621
	Power	6.079×10^{-9}	0.917	1889.424
	S	4.527×10^{-9}	0.920	1464.205

混交林反演待选模型：$B = \dfrac{79\,402.458}{DN} - 817.576$ (2-13)

阔叶林反演待选模型：$B = \exp(11.1824 - 0.0704 \times DN)$ (2-14)

针叶林反演待选模型：$B = \exp(619.8783 / DN - 2.6982)$ (2-15)

森林生物量反演线性模型如下所示。

混交林反演模型：$B = 891.523 - 9.493 \times DN$ (2-16)

阔叶林反演模型：$B = 748.805 - 7.196 \times DN$ (2-17)

针叶林反演模型：$B = 1113.514 - 11.989 \times DN$ (2-18)

式中，B 为生物量密度（Mg/hm²）；DN 为全色波段的反射率。

2.1.3.4 相对辐射校正

在多时相遥感影像数据的获取过程中，除了地物的变化会引起影像中辐射值的变化外，光照、大气、成像位置等成像条件的变化，也会引起影像中辐射值的改变，因此消除这些非地物变化因素所造成的影像中辐射值的变化，是顺利实现变化检测的前提和保证。辐射校正是消除非地物变化所造成的影像灰度改变的有效方法。根据实施的途径，辐射校正可以分为绝对辐射校正和相对辐射校正。绝对辐射校正是将影像中的测量值校正到地物反射或辐射的真实值，进行绝对辐射校正需要对大气辐射的传输过程进行有效的模拟，确定太阳入射角和传感器视角，以及考虑地形起伏等因素，因此这类方法一般都很复杂，并且得到的绝大多数遥感影像都无法满足上述条件，这使得绝对辐射校正难以实现。相对辐射校正是将一影像作为参考影像，调整另一影像的辐射特性，使之与参考影像一致。相对辐射校正可使同一地物在不同的图像中具有相同的辐射值。其因便于实施而被大量研究，不同学者提出了很多相对辐射校正的方法。变化检测，是通过分析同一区域在不同时相遥感图像中的辐射值差异来判断该地域是否发生变化。因此，如果能够使相同的地物在不同时相中具有相同辐射特性，则可以通过校正后辐射特性的差异实现变化检测。因此，使同一地物辐射特性在不同时相图像中一致的相对辐射校正，能够完成变化检测中对多时相遥感图像辐射校正的要求。

在众多相对辐射校正方法中，Schott 等（1988）提出的基于地面参考点的伪不变特征法（pseudo-invariant features，PIFs）被大量应用。由于地面参考点获取的难度和精度问题，目前所应用的大部分相对辐射校正都采用基于不变特征的方法。而影像中的不变特征又分为两类：基于定量分析和基于统计分析。基于定量分析的方法是根据影像中某类特征的属性，先从不同影像中分别提取不变特征（如亮区域、暗区域等），然后通过这些不变特征的辐射值求解辐射关系，最后用于全图调整，实现辐射校正。基于统计分析的方法是假设不同影像中的辐射值满足线性关系，然后通过线性回归等方法求解回归系数，最后通过求解的回归等式实现影像的相对辐射校正。在多时相遥感影像中，并不是所有的影像中都包含特定的不变特征，因此研究利用统计方法实现多时相遥感影像的相对辐射校正具有更好的适用性。

本研究利用改进的 PIFs 法进行相对辐射校正。与传统的 PIFs 法不同，本研究不用影像反射率的极限值（反射率的极小值）来实施 PIFs 法，而是通过对比两张影像，选定相同位置的不同类型的特征不变的特征点（道路、屋顶、空地和深水）来实施 PIFs 方法。利用多边形来选取 PIFs 校正基准像元，共选取 1314 个像元。然后利用这些像元建立 Landsat 和 SPOT 影像之间的线性校正模型。模型形式如式（2-19）所示。

$$DN_{ref} = aDN_{sub} + b \qquad (2-19)$$

式中，ref 为参考影像；sub 为目标影像；a 和 b 为参数。

校正后，利用 RMSE 检验校正的效果。如果校正成功，RMSE 应该会降低。RMSE 的计算公式为

$$RMSE = \sqrt{\frac{1}{n}\sum_{i=1}^{n}(DN_{ref} - DN_{sub})^2} \qquad (2-20)$$

式中，n 为参与建立模型的像元数。

用于校正 1999 年 TM 影像的模型的具体形式为

$$Band4_a = 0.954 \times Band4_b + 0.006 \quad (R^2 = 0.977, P < 0.001) \qquad (2-21)$$

式中，$Band4_a$ 为校正后的 1999 年 TM4；$Band4_b$ 为校正前的 1999 年 TM4。

用于校正 1998 年 SPOT 影像的模型的具体形式为

$$DN_a = 1.902 \times DN_b + 3.247 \quad (R^2 = 0.929, P < 0.001) \quad (2\text{-}22)$$

式中，DN_a 为校正后的 1998 年 SPOT 全色波段 DN 值；DN_b 为校正前的 1998 年 SPOT 全色波段 DN 值。

校正后 1999 年和 2007 年 TM4 统计参数更为接近，且校正后 RMSE 呈下降趋势，可见校正效果良好（表2-10）。

表2-10　TM 遥感影像校正前后影像特征

项目		2007 年	1999 年	
			校正前	校正后
TM4	平均值	0.316 668	0.325 028	0.316 237
	标准差	0.036 870	0.041 119	0.039 246

2.1.3.5　研究区土地利用/覆盖分类图的获取

要进行森林生物量制图，必须首先确定研究区的森林分布区域，所以土地利用/覆盖分类图是森林生物量制图的基础。本研究首先利用 Landsat 数据生成的 NDVI 影像，采用监督分类方法将东升林场划分为林地和非林地，然后采用 SPOT 的全色影像结合研究区 2003 年林相图生成露水河林业局土地利用/覆盖图（分为混交林、阔叶林和针叶林及其他用地）。

根据土地利用/覆盖分类精度校验，基于 Landsat 数据和 SPOT 数据，1999 年和 1998 年土地利用/覆盖分类精度分别为 95.36% 和 95.47%，2007 年和 2008 年的分类精度分别为 93.62% 和 94.33%。

2.1.3.6 模型估算及验证

1）基于 Landsat 数据的东升林场森林生物量估算

首先利用研究区 1999 年和 2007 年土地利用/覆盖图提取东升林场森林的 TM4 值，然后利用式（2-12）估算出研究区 1999 年校正前和校正后及 2007 年的森林生物量密度并生成生物量密度空间分布图（图2-9）。另外，我们还利用在露水河林业局调查的样地建立了适用于露水河林业局的生物量–蓄积量模型（生物量转换因子连续函数法，下简称生物量转换因子法），然后利用所建立的模型和露水河林业局的森林二调数据，估算了露水河林业局 1987 年、1995 年和 2003 年的植被生物量，结果如表 2-11 所示。

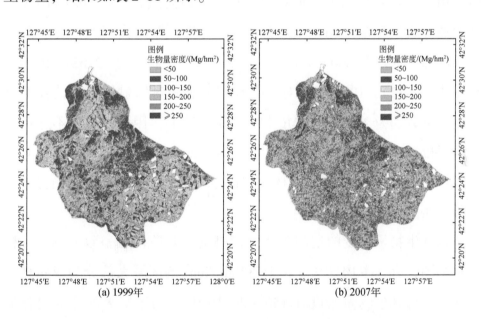

图 2-9 东升林场 1999 年和 2007 年森林生物量密度分布图

表 2-11　东升林场森林面积、生物量和生物量密度

年份	方法	森林面积/万 hm²	生物量/10⁶ Mg	生物量密度/（Mg/hm²）
1999	遥感估算法（校正后）	1.786	2.767	154.927
	遥感估算法（校正前）	1.786	2.398	134.267
2007	遥感估算法	1.805	2.728	151.136
2003	生物量转换因子法	1.800	2.714	150.778
2007	生物量转换因子法	1.826	2.621	143.538

　　根据遥感估算法，2007 年东升林场森林生物量为 2.728×10^6 Mg，而利用生物量转换因子法估算的 2007 年森林生物量为 2.621×10^6 Mg。这两种方法估算结果相差不超过 5%。另外，根据我们的估算，东升林场森林生物量在 2003 ~ 2007 年由 2.714×10^6 Mg 降至 2.621×10^6 Mg。利用式（2-12），1999 年相对辐射校正前和相对辐射校正后估算的森林生物量分别为 2.398×10^6 Mg 和 2.767×10^6 Mg。因此，如果不进行相对辐射校正，研究区森林生物量在 1999 ~ 2007 年是增加的。而相对辐射校正后 1999 ~ 2007 年，森林生物量是减少的，而这种变化趋势与另一种方法的估算是一致的。

　　森林生物量密度的空间分布与森林的生长阶段相一致。例如，根据林相图，森林生物量密度大于 200Mg/hm² 的区域大部分为成熟林或过熟林，森林生物量密度在 150 ~ 200Mg/hm² 的区域大部分为退化的成熟林或高阶段的次生林。森林生物量密度小于 150Mg/hm² 的区域大部分为退化的幼龄或中龄人工林。

2）基于 SPOT 数据的露水河林业局森林生物量估算

利用研究区 1998 年和 2008 年土地利用/覆盖图提取露水河林业局森林的全色波段值，然后利用式（2-16）~ 式（2-18）估算研究区 1998 年及 2008 年的森林生物量密度及生成生物量密度空间分布图（图 2-10），并与已有研究的前期结果进行对比，结果如表 2-12 所示。

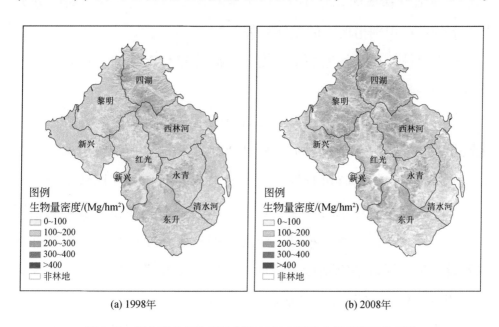

(a) 1998年　　　　　　　　　　　　　(b) 2008年

图 2-10　露水河林业局 1998 年和 2008 年森林生物量密度分布图

表 2-12　露水河林业局森林面积、生物量和生物量密度

年份	方法	森林面积/万 hm²	生物量/10⁷ Mg	生物量密度/（Mg/hm²）
1995	生物量转换因子法	11.039	1.4986	135.755
2003	生物量转换因子法	11.442	1.5584	136.200
1998	遥感估算法	11.053	1.5334	138.732
2008	遥感估算法	11.017	1.6204	147.082

根据估算，2008 年露水河林业局森林生物量为 $1.6204 \times 10^7 \text{Mg}$，而利用生物量转换因子法估算的 2003 年森林生物量为 $1.5584 \times 10^7 \text{Mg}$。另外，根据我们的估算，露水河林业局森林生物量在 1998 ~ 2008 年由 $1.5334 \times 10^7 \text{Mg}$ 升至 $1.6204 \times 10^7 \text{Mg}$，森林面积基本保持稳定。本研究 2008 年所估算森林面积略小于 2009 年森林二调数据，这与遥感分类和人工分类在识别精度上的差异有关。

露水河林业局森林生物量密度的空间分布与森林的生长阶段也具有较好的一致性。

以露水河林业局为研究区，采用遥感结合样地调查的方法估算该区域的植被生物量。研究表明，利用 TM 和 SPOT 遥感影像数据估算该区域的植被生物量具有可行性，与森林二调数据和野外样地调查数据差异不大。但基于遥感的方法进行森林生物量估算存在很多影响估算精度的因素，如遥感数据本身、样地数据、遥感变量和合适的缓冲区以及模型都会影响估算精度。因此，遥感数据和样地数据的获取时间是否相符对估算结果精度非常重要，需要减少数据获取的不确定性。在本研究中，用于构建样地乔木生物量相对生长方程的样本，都来自研究区附近区域，因此利用这些方程进行研究区样地生物量估算是适宜的和准确的，且本研究中样地调查的时间与遥感数据的获取时间比较相近。

因为并不是所有的遥感变量都与森林生物量显著相关或这些变量之间具有较高的相关性，所以选择合适的变量和合适的缓冲区对建立一个生物量估算模型非常关键（Lu, 2005）。过小的缓冲区会放大不同样地对应的反射值之间的差异，而过大的缓冲区则会削弱这种差异。

本研究利用 Pearson 相关系数来选择合适的变量和缓冲区。研究发现 3 像元×3 像元缓冲区下的 TM4 和 DVI 为合适的变量和缓冲区。这可能是不同的研究区森林状况不同和地形条件不同所致（Lu et al.，2004；Li et al.，2010），所以对不同的研究区选择合适的变量非常重要。

最后，调整后的 R^2 和 MSE 被用来选择合适的模型，以 TM4 为自变量的 Inverse 模型因具有较高的调整后的 R^2（$R^2 = 0.765$）和最低的 MSE（MSE = 1621.014）而被选为最优模型。消除非地物变化因素所造成的影像中辐射值的变化，是顺利实现变化检测的前提和保证（Soojeong et al.，2006）。本研究采用改进的 PIFs 法对研究区 1999 年的影像进行了校正，结果显示校正效果良好。

另外需要指出的是，利用遥感数据估算生物量时存在绿度饱和效应。当森林的郁闭度超过 0.8 时，森林生物量持续增加，但遥感信息不会发生变化。所建生物量模型为 Inverse 模型也证明了这一点。但由于研究区郁闭度主要在 0.3 ~ 0.8，还没有郁闭，所以适合采用遥感的方法进行监测及建模。

2.1.4　不同估算方法结果对比

从以上研究结果来看（表 2-13），基于 TM 遥感数据估算的露水河林业局的植被碳密度最高，而基于森林二调数据的生物量转换因子法估算的结果最低，两者估算结果误差近 10%。采用基于野外调查样地数据的平均生物量法计算得到的植被碳密度与基于森林二调数据估算的结果相一致（误差小于 1%）；而对于不同分辨率的遥感数据，结合野外调查样地数据，其估算结果基本一致（误差小于2.8%）。

表 2-13　不同估算方法的植被碳密度

年份	方法	数据源	植被碳密度/（Mg/hm²）
2011	平均生物量法	野外调查样地数据	68.8
2010	生物量转换因子法	森林二调数据	68.13
2007	遥感估算法	TM	75.57
2008	遥感估算法	SPOT	73.54

总体来说，在区域尺度上，不同方法的估算结果基本一致，可以互相验证各自的估算结果。

2.2　土壤碳储量估算方法

土壤碳储量主要指土层厚度为 1m 的土壤所含有的有机碳的总量。大量研究表明，土壤碳库是陆地生态系统最大的碳库，总有机碳储量高达 1550Pg（Lal，2004），是全球陆地植被碳库的 3 倍，是大气碳库的 2 倍，土壤碳库的微小变化即会引起大气中 CO_2 浓度的巨大变化（Smith et al.，2008），因此，土壤碳库在陆地生态系统碳循环中具有举足轻重的地位（Johnston et al.，2004）。关于土壤有机碳库的估算方法主要包括土壤类型法、植被类型法、相关关系法以及模型法（金峰等，2001）。

1）土壤类型法

土壤类型法是按照土壤分类学方法，将土壤剖面有机碳含量和容重等按照土壤分类单元计算所需层次（如0~10cm和0~20cm等）的土壤有机碳密度，再按照研究区域或国家尺度土壤图上的面积得到土壤有机碳总量。而且，该方法可以利用世界土壤图和全球土壤分类系统估算全球尺度土壤有机碳储量，但是全球土壤分类尺度较大，容易掩盖大量的土壤类型细节和多样性，并造成估算结果的偏差。此外，土壤类型法还受土壤分布的空间变异和实测剖面分布的不均匀等限制，因此需要提高土壤分布图的精度和增加土壤剖面的数量才能减小这种不确定性。

2）植被类型法

植被类型法是按照该植被类型土壤有机碳密度与其分布面积的乘积来计算土壤有机碳储量，这对了解不同植被类型间土壤有机碳含量的差异具有较为直观的作用；但是其缺点是没有考虑土壤类型信息、不能解释分类单元内土壤母质的变异和不能提供土壤厚度的信息。

3）相关关系法

相关关系法是指利用土壤属性与气候、地形、质地、土壤深度等变量之间的相关关系，建立相应的数学统计模型，从而利用有限的实测数据来推算区域尺度土壤有机碳储量。但是该方法具有较大的局限性，需要进行验证和相应的参数调整才能应用，而且该方法也不能解释土壤有机碳储量积累的原理和形成的影响因素。

4）模型法

模型法包括相关关系模型、基于机理过程的模型以及基于实测和遥感数据的模型；其中基于机理过程的模型通过模拟模式来综合考虑决定进入土壤的碳储量和质量，以及决定土壤有机碳分解速率的各种因子，从而进行土壤有机碳储量的估算。目前，比较成熟的有机碳周转模型包括 RothC 模型、CENTURY 模型和 DNDC 模型等。

本研究根据森林野外调查的不同植被类型样地设置，结合基于 TM 遥感数据的天保工程区不同植被类型面积，采用植被类型法计算不同植被类型的碳储量（图 2-11）。

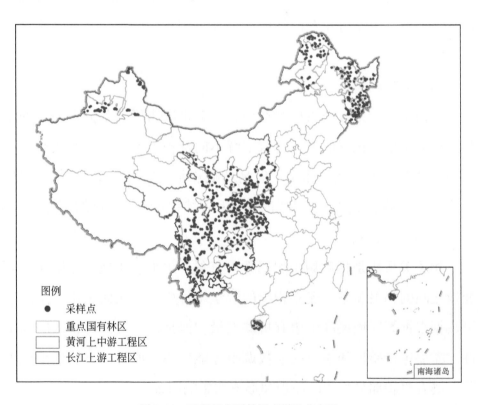

图 2-11　工程区内野外调查样地分布图

碳密度的计算过程是将实地调查的各样地土壤层碳密度按植被类型分别进行平均，得到各植被类型碳密度。然后代入式（2-23）求取工程区内各省、市、县的各林型森林土壤层碳储量。

$$SOC_i = C_i \cdot S_i \qquad (2\text{-}23)$$

式中，SOC_i 为各省、市、县第 i 森林类型灌草层、枯落物层和土壤层碳储量（Mg）；C_i 为各省、市、县第 i 森林类型灌草层、枯落物层和土壤层有机碳密度（Mg/hm^2）；S_i 为各省、市、县第 i 森林类型面积（hm^2）。

第3章 天保工程区固碳速率及潜力估算

3.1 天保工程区面积

3.1.1 天保工程区范围确定

天保工程区碳储量的估算主要由工程区面积和区域碳密度决定，因此需要先确定工程区的林地面积。

根据 17 个省（自治区、直辖市）天保工程实施方案，以县（市）为最小统计单元，将各林业局或林场归并汇总到 752 个县（市），其中重点国有林区涉及 76 个县（市），黄河上中游工程区涉及 328 个县（市），长江上游工程区涉及 348 个县（市）（图 3-1，图 3-2）。

3.1.2 天保工程区面积的确定

3.1.2.1 基于统计数据的工程面积

根据各省（自治区、直辖市）实施方案进行统计，天保工程区内

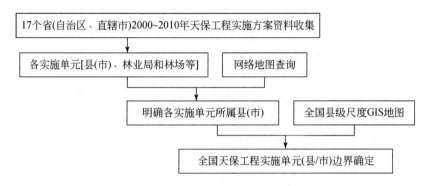

图 3-1　天保工程边界确定技术路线图

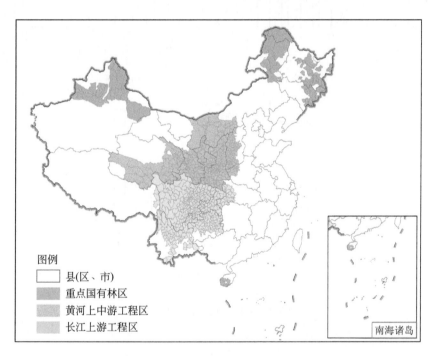

图 3-2　天保工程区边界确定

林业用地面积为 269.54 万 km², 占我国陆地国土面积的 28.1%。天保
工程区有林地面积为 69.37 万 km², 其中重点国有林区天保工程区有
林地面积为 29.01 万 km², 黄河上中游天保工程区有林地面积为 11.45

万 km², 长江上游天保工程区有林地面积为 28.91 万 km²。天保工程区的天然林面积为 56.4 万 km², 约占全国天然林面积的 54%（图 3-3）。

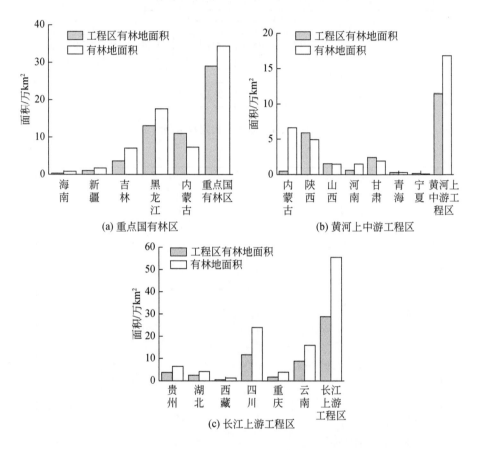

图 3-3 天保工程区有林地面积

3.1.2.2 基于遥感数据的工程面积

将工程区分布图与基于遥感数据获取的 2000 年土地利用变化数据进行矢量叠加（图 3-4），将各实施单元的森林面积进行统计，获取天保工程区各省（自治区、直辖市）林地面积（图 3-5）。

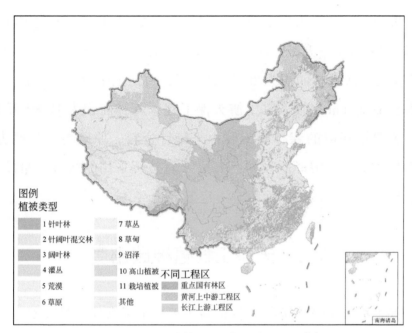

图 3-4 基于遥感数据的天保工程区面积确定

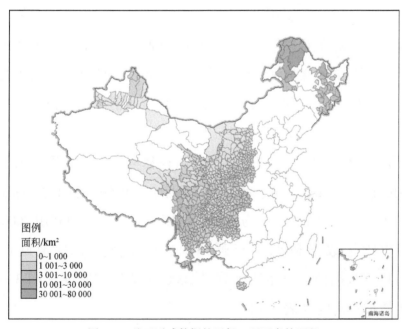

图 3-5 基于遥感数据的天保工程区森林面积

结果表明，整个天保工程区面积为 306.63 万 km^2，占我国陆地国土面积的 31.94%。天保工程区森林面积为 51.73 万 km^2，其中重点国有林区天保工程区森林面积为 28.21 万 km^2，黄河上中游天保工程区森林面积为 5.63 万 km^2，而长江上游天保工程区森林面积为 17.89 万 km^2。基于遥感数据获取的森林面积要小于统计资料，原因主要是两方面，一方面是遥感数据解译的误差，另一方面是所采用的行政矢量图数据较早，导致统计区域内的面积有一定差异。

3.2　天保工程植被碳密度

天保工程从 1998 年启动，因此将第五次全国森林资源清查（1994～1998 年）数据计算的植被碳密度作为工程区植被基线值；天保工程一期结束时间为 2010 年，因此将 2010 年植被碳密度作为现存值，其中 2010 年植被碳密度通过第七次（2004～2008 年）和第八次（2009～2013 年）两期全国森林资源清查数据计算获得。此外，重庆成为直辖市的时间为 1997 年，因此第五次全国森林资源清查时并没有对重庆单独统计数据，为了数据的一致性，将四川和重庆合并为川渝地区。

根据第五次、第七次和第八次全国森林资源清查数据，采用生物量转换因子法（Fang et al.，2001），分别计算出不同时期的天保工程区各省（自治区、直辖市）平均植被碳密度。此外，分别利用 2000 年全国遥感生物量数据和 2011 年野外调查的全国森林样地调查数据（图 2-11），根据植被类型法计算出 2000 年植被碳密度（图 3-6）和 2011 年植被碳密度（表 3-1）。

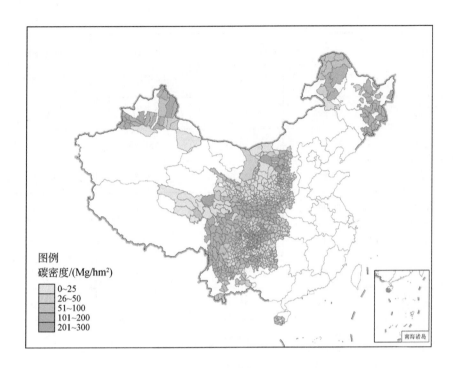

图 3-6 基于 2000 年遥感数据的天保工程区植被碳密度

表 3-1 基于不同数据源的植被碳密度 　（单位：Mg/hm²）

省（自治区、直辖市）	统计数据		遥感数据（2000 年）	样地调查数据（2011 年）
	1998 年	2010 年		
甘肃	52.46	54.44	119.02	66.38
贵州	22.36	34.31	50.20	36.08
海南	57.98	62.92	88.79	95.95
河南	29.35	34.29	37.82	52.34
黑龙江	46.30	52.20	120.04	58.46

续表

省（自治区、直辖市）	统计数据		遥感数据（2000年）	样地调查数据（2011年）
	1998年	2010年		
湖北	17.99	31.34	39.81	120.69
吉林	64.89	70.21	151.45	47.07
内蒙古	39.81	42.30	100.51	82.38
宁夏	37.48	38.73	40.61	32.71
青海	49.45	51.54	20.25	99.69
山西	28.09	31.73	65.03	39.84
陕西	44.55	46.96	112.32	25.20
川渝	49.95	53.42	83.53	56.14
西藏	100.76	101.03	163.64	79.82
新疆	60.07	66.50	157.85	53.69
云南	34.30	55.70	87.94	54.24

对比不同数据源计算的植被碳密度（表3-1和图3-7），结果表明，2000年基于统计数据计算的植被碳密度和基于 MODIS 遥感数据计算的植被碳密度趋势在省级统计结果上相似，但遥感数据计算的植被碳密度高于统计数据计算的结果，这可能是 MODIS 尺度较大，而地表验证数据较少，导致在生物量回归参数上有差异。基于2011年野外调查数据，结合植被类型面积计算的各省（自治区、直辖市）植被碳密度，与统计数据计算得到的各省（自治区、直辖市）植被碳密度差异较大

（表 3-1 和图 3-7）。

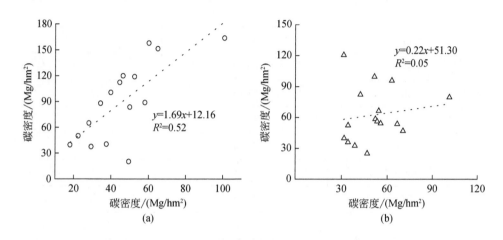

图 3-7　不同数据源植被碳密度计算结果比较

（a）为 2000 年基于遥感数据（纵轴）和统计数据（横轴）计算的植被碳密度；（b）为 2011 年基于
野外调查数据（纵轴）和统计数据（横轴）计算的植被碳密度

但在第 2 章植被碳储量估算方法中，区域研究表明，如果在野外调查前，依据较为详细的森林二调数据资料来设置野外调查样地数目和样点分布，则得到的植被碳密度与统计数据计算的结果基本一致。因此，基于数据统一的原则考虑，我们利用全国森林资源一类清查数据分别计算天保工程区植被碳密度的基线值（2000 年）和现存值（2010 年）。

结果表明，天保工程区 2000 年的植被碳密度在 17.99 ~ 100.76Mg/hm²，2010 年的植被碳密度在 31.31 ~ 101.03Mg/hm²。从两期数据来看，天保工程区各省（自治区、直辖市）植被碳密度都表现为增长趋势（表 3-2）。

表 3-2　2000 年和 2010 年天保工程区植被碳密度（单位：Mg/hm²）

区域	2000 年	2010 年
黑龙江	46.3	52.2
新疆	60.07	66.5
海南	57.98	62.92
吉林	64.89	70.21
内蒙古	39.81	42.3
山西	28.09	31.73
宁夏	37.48	38.73
河南	29.35	34.29
青海	49.45	51.54
甘肃	52.46	54.44
陕西	44.55	46.96
西藏	100.76	101.03
湖北	17.99	31.34
云南	34.3	55.7
贵州	22.36	34.31
重庆	49.95	53.42
四川	49.95	53.42

3.3　天保工程土壤碳密度

基于全国第二次土壤普查数据，利用野外样点的坐标，提取出相应采样点的土壤碳密度（图 3-8）。

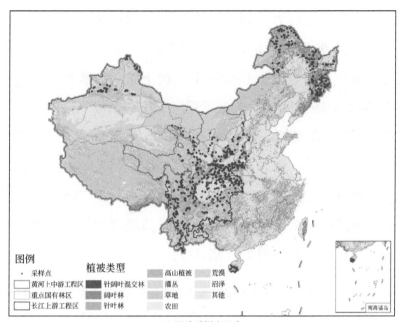

图例

采样点　　　植被类型

· 采样点　　　■ 针阔叶混交林　　高山植被　　荒漠

□ 黄河上中游工程区　■ 阔叶林　　　　灌丛　　　沼泽

□ 重点国有林区　　　针叶林　　　　草地　　　其他

□ 长江上游工程区　　　　　　　　　农田

(a) 野外采样点分布

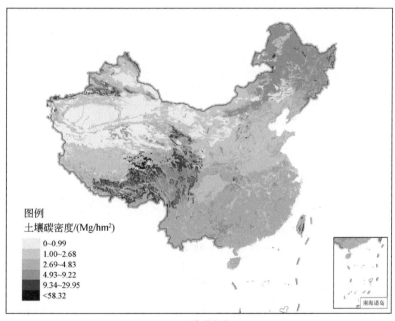

图例

土壤碳密度/(Mg/hm²)

0~0.99

1.00~2.68

2.69~4.83

4.93~9.22

9.34~29.95

<58.32

(b) 土壤碳密度

图 3-8　野外采样点分布及土壤碳密度

在提取出相应采样点土壤碳密度后，根据植被类型法，计算出各省（自治区、直辖市）土壤碳密度。全国第二次土壤普查时间为1990年，因此根据野外调查数据和全国第二次土壤普查数据，通过差值法获取2000年土壤碳密度作为天保工程区土壤碳密度基线值。

两期数据计算结果表明，2000年天保工程区土壤碳密度在82.43Mg/hm^2（陕西）和211.16Mg/hm^2（青海）之间，而2010年天保工程区土壤碳密度在80.44Mg/hm^2（陕西）和227.37Mg/hm^2（宁夏）之间。不同于植被碳密度在工程实施期间都表现为增长趋势，有些工程区土壤碳密度反而有所降低（表3-3）。

表3-3　2000年和2010年天保工程区土壤碳密度（单位：Mg/hm^2）

区域	2000 年	2010 年
黑龙江	167.15	167.88
新疆	136.10	147.68
海南	114.62	127.14
吉林	124.79	129.24
内蒙古	122.74	132.31
山西	94.40	94.44
宁夏	169.07	227.37
河南	88.78	90.45
青海	211.16	221.77
甘肃	133.96	157.63

续表

区域	2000 年	2010 年
陕西	82.43	80.44
西藏	170.29	162.82
湖北	119.84	117.75
云南	119.72	138.54
贵州	158.64	184.05
重庆	99.61	102.91
四川	153.83	154.34

3.4 天保工程碳储量

根据天保工程区植被碳密度（表3-2）和土壤碳密度（表3-3），结合天保工程区森林面积，计算出天保工程区植被碳储量、土壤碳储量和生态系统碳储量（表3-4）。结果表明，天保工程区植被碳储量为3470.4Tg，其中重点国有林区、黄河上中游工程区和长江上游工程区的植被碳储量分别为1488.00Tg、522.49Tg 和1459.92Tg；天保工程区土壤碳储量为9790.3Tg，其中重点国有林区、黄河上中游工程区和长江上游工程区的土壤碳储量分别为 4305.15Tg、1227.27Tg 和4257.87Tg；天保工程区森林生态系统碳储量为 13 260.7Tg，其中重点国有林区、黄河上中游工程区和长江上游工程区的森林生态系统碳储量分别为5793.15Tg、1749.76Tg 和5717.79Tg。

表 3-4 天保工程区植被碳储量、土壤碳储量和森林生态系统碳储量

（单位：Tg）

区域	植被碳储量	土壤碳储量	生态系统碳储量
黑龙江	680.41	2188.23	2868.64
新疆	67.80	150.57	218.37
海南	20.07	40.56	60.63
吉林	252.84	465.40	718.24
内蒙古（重点国有林区）	466.88	1460.39	1927.27
山西	49.08	146.06	195.14
宁夏	5.99	35.17	41.16
河南	21.18	55.88	77.06
青海	15.63	67.27	82.90
甘肃	132.31	383.11	515.42
陕西	277.91	476.01	753.92
内蒙古（黄河上中游）	20.39	63.77	84.16
西藏	46.09	74.27	120.36
湖北	77.63	291.68	369.31
云南	489.48	1217.47	1706.95
贵州	128.14	687.37	815.51
重庆	92.45	178.10	270.55
四川	626.13	1808.98	2435.11

注：重点国有林区工程区中"内蒙古"是指内蒙古东四盟国有林区，黄河上中游工程区中"内蒙古"指内蒙古工程区中其他区域，下同

3.5 天保工程固碳速率及固碳量

森林生态系统固碳速率（C_R）可利用森林生态系统不同时期单位面积碳储量的变化量进行估算，表示单位时间内单位面积森林生态系统碳储量的变化量，公式为

$$C_R = (C_{E\text{-}t_2} - C_{E\text{-}t_1}) / (t_2 - t_1) \tag{3-1}$$

式中，C_R 为森林生态系统固碳速率；$C_{E\text{-}t_2}$ 和 $C_{E\text{-}t_1}$ 分别为研究时间起点 t_1 和终点 t_2 时的碳密度。

根据天保工程区两期植被和土壤碳密度，计算出工程区内各实施单元的植被和土壤固碳速率（表 3-5）。

表 3-5 天保工程区植被和土壤固碳速率 ［单位：$\mathrm{Mg}/(\mathrm{hm}^2 \cdot \mathrm{a})$］

区域	植被固碳速率	土壤固碳速率
黑龙江	0.59	0.07
新疆	0.64	1.16
山西	0.36	0.00
宁夏	0.13	5.83
西藏	0.03	−0.75
河南	0.49	0.17
湖北	1.34	−0.21
云南	2.14	1.88
贵州	1.20	2.54

区域	植被固碳速率	土壤固碳速率
海南	0.49	1.25
吉林	0.53	0.44
青海	0.21	1.06
甘肃	0.20	2.37
陕西	0.24	-0.20
内蒙古	0.25	0.96
重庆	0.35	0.33
四川	0.35	0.05

结果表明,天保工程区植被固碳速率在 0.03Mg/(hm² · a)(西藏)和 2.14Mg/(hm² · a)(云南)之间,东北和西南地区的植被增长幅度较大;而土壤固碳速率在 -0.75Mg/(hm² · a)(西藏)和 5.83Mg/(hm² · a)(宁夏)之间,新疆、云南、贵州和青海土壤碳密度增加较多,而甘肃和西藏的土壤碳密度反而呈降低趋势。

利用天保工程区植被和土壤固碳速率,结合天保工程区森林面积,计算天保工程一期实施期间植被和土壤固碳量(表 3-6)。在天保工程一期实施期间,天保工程区植被、土壤和森林生态系统固碳量分别增加 474.02Tg、473.95Tg 和 947.96Tg,其中重点国有林区的植被、土壤和森林生态系统固碳量分别为 131.68Tg、146.99Tg 和 278.67Tg,黄河上中游工程区的植被、土壤和森林生态系统固碳量分别为 29.78Tg、63.63Tg 和 93.41Tg,长江上游工程区的植被、土壤和森林生态系统固碳量分别为 312. 56Tg、263. 32Tg 和 575. 88Tg。天保工程一期中，固碳量最多的是重点国有林区的内蒙古东四盟和长江上游工程区的云南、贵州两省。

表 3-6　天保工程一期植被、土壤和森林生态系统固碳量　（单位：Tg）

工程区	区域	植被固碳	土壤固碳	生态系统固碳
重点国有林区	黑龙江	76. 90	9. 50	86. 40
	新疆	6. 56	11. 81	18. 36
	海南	1. 58	3. 99	5. 57
	吉林	19. 16	16. 01	35. 16
	内蒙古	27. 48	105. 69	133. 17
	小计	131. 68	146. 99	278. 67
黄河上中游	山西	5. 63	0. 05	5. 68
	宁夏	0. 19	9. 02	9. 21
	河南	3. 05	1. 04	4. 09
	青海	0. 63	3. 22	3. 85
	甘肃	4. 81	57. 52	62. 33
	陕西	14. 26	−11. 83	2. 43
	内蒙古	1. 20	4. 62	5. 82
	小计	29. 78	63. 63	93. 41
长江上游	西藏	0. 12	−3. 41	−3. 28
	湖北	33. 07	−5. 17	27. 90

续表

工程区	区域	植被固碳	土壤固碳	生态系统固碳
长江上游	云南	188.06	165.38	353.43
	贵州	44.63	94.90	139.53
	重庆	6.01	5.70	11.71
	四川	40.67	5.92	46.60
	小计	312.56	263.32	575.88
合计		474.02	473.95	947.96

注：各数据保留有效数字不同，最后加和略有差异。下同

3.6 天保工程固碳潜力

固碳潜力（C_p）是指森林在一定情景下未来某个时间点新增的固碳量。本研究中固碳潜力主要包括两部分内容，一部分是新增森林的固碳量，另一部分是原有森林的固碳量。因此，其固碳潜力计算公式如下：

$$C_p = S_{t_1} \times \Delta C_p + (S_{t_2} - S_{t_1}) \times C_{p-t_1}$$

式中，S_{t_1} 和 S_{t_2} 分别为原有森林面积和预期时间点森林面积；ΔC_p 为固碳速率；C_{p-t_1} 为现在森林碳密度。

根据天保工程二期计划，以 2020 年为时间节点，计算天保工程区 2020 年森林固碳潜力（表 3-7）。结果表明，2020 年，天保工程区植被、土壤和森林生态系统固碳潜力分别为 1046.63Tg、2060.79Tg 和 3107.42Tg。其中，重点国有林区的植被、土壤和森林生态系统固碳潜

力分别为 218.60Tg、376.08Tg 和 594.68Tg，黄河上中游工程区的植被、土壤和森林生态系统固碳潜力分别为 173.98Tg、413.17Tg 和 587.15Tg，长江上游工程区的植被、土壤和森林生态系统固碳潜力分别为 654.05Tg、1271.53Tg 和 1925.58Tg。

表 3-7　2020 年天保工程区植被、土壤和生态系统固碳潜力（单位：Tg）

工程区	区域	植被固碳潜力	土壤固碳潜力	生态系统固碳潜力
重点国有林区	黑龙江	103.73	95.78	199.52
	新疆	39.50	84.96	124.46
	海南	6.29	13.53	19.82
	吉林	26.97	30.38	57.35
	内蒙古	42.11	151.43	193.54
	小计	218.60	376.08	594.68
黄河上中游	山西	24.94	57.53	82.48
	宁夏	-0.61	4.32	3.71
	河南	35.05	85.44	120.49
	青海	5.58	24.51	30.09
	甘肃	24.15	113.51	137.67
	陕西	72.21	87.43	159.64
	内蒙古	12.65	40.43	53.08
	小计	173.98	413.17	587.15

工程区	区域	植被固碳潜力	土壤固碳潜力	生态系统固碳潜力
长江上游	西藏	4.30	3.32	7.62
	湖北	84.19	186.90	271.09
	云南	279.29	392.31	671.60
	贵州	64.06	199.16	263.22
	重庆	36.03	63.54	99.56
	四川	186.18	426.31	612.49
	小计	654.05	1271.53	1925.58
合计		1046.63	2060.79	3107.42

第 4 章 | 天保工程实施固碳效益

按照天保工程实施方案，工程实施对区域森林植被和土壤的碳汇都产生影响。其中，植被固碳效益主要考虑以下两方面。一是木材调减固碳效益。天保工程实施方案对天然林进行分类区划，对划入重点生态公益林的森林进行严格管护，停止商品性采伐；对划入一般公益林的森林，大幅度调减森林采伐量。二是人工造林固碳效益。天保工程实施方案的一个重要内容是加快工程区宜林荒山荒地造林绿化，使工程区内宜林荒山荒地的覆盖率由 17.5% 提高到 21.24% 。其中，关于天然林抚育管理和天然林的自然更新生长引起的天保工程区内植被碳库的变化在此没有考虑。天保工程实施时间较短，暂不考虑工程区内有关植被变化对土壤碳含量的影响，将主要评估天保工程实施后工程区内水土保持作用带来的土壤固碳效益。

4.1 天保工程实施一期木材调减固碳效益

4.1.1 研究资料与方法

4.1.1.1 研究资料

研究资料包括"九五"、"十五"和"十一五"期间全国森林采伐限额以及第六次（1999～2003 年）和第七次（2004～2008 年）全国森林资源清查数据（图 4-1）。

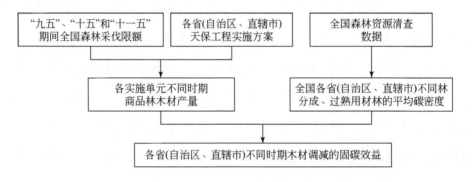

图 4-1 木材调减固碳效益技术路线图

4.1.1.2 研究方法

以"九五"、"十五"和"十一五"期间各实施单元的采伐限额，得到工程实施后工程区内木材采伐减少量，根据每期的商品材出材率，计算出工程区内木材调减量。根据第六次和第七次全国森林资源清查数据，采用生物量转换因子法建立的蓄积量–生物量法计算出工程区各省（自治区、直辖市）用材林成熟–过熟林蓄积量–生物量的换算因子（表4-1），结合工程区内每期木材调减量，估算各省（自治区、直辖市）的减产固碳量。

表 4-1　生物量换算因子的参数

森林类型	a	b
云冷杉	0.4642	47.4990
桦木	1.0687	10.2370
木麻黄	0.7441	3.2377
杉木	0.3999	22.5410
柏树	0.6129	46.1451
落叶栎树	1.1453	8.5473
桉树	0.8873	4.5539
落叶松	0.6096	33.8060
樟、楠木、槠、青冈	1.0357	8.0591
混合针叶树和落叶森林	0.8136	18.4660
樟树及阔叶混交林	0.6255	91.0013
杂木（刺槐）	0.7564	8.3103
华山松	0.5856	18.7435
红松林	0.5185	18.2200
马尾松、云南松	0.5101	1.0451
赤松、樟子松	1.0945	2.0040

续表

森林类型	a	b
油松	0.7554	5.0928
其他松树	0.5168	33.2378
杨树	0.4754	30.6034
柳杉、铁杉、水杉等	0.4158	41.3318
热带林	0.7975	0.4204

4.1.2 工程区内各省（自治区、直辖市）木材调减量

根据工程区内各实施单位的木材采伐限额及出材率（表4-2），估算出"九五"、"十五"和"十一五"期间整个天保工程区采伐限额分别为 16 276.1 万 m^3、10 637.6 万 m^3 和 11 484.4 万 m^3，相应的采伐量分别为 27 635.00 万 m^3、18 409.97 万 m^3 和 19 553.66 万 m^3，长江上游工程区的采伐量在三个时期所占比例均最高。

表4-2 天保工程区不同时期采伐限额、商品出材率和采伐量 （单位：万 m^3）

工程区	省（自治区、直辖市）	"九五"			"十五"			"十一五"		
		木材限额	出材率	采伐量	木材限额	出材率	采伐量	木材限额	出材率	采伐量
重点国有林区	黑龙江	2 767.8	0.613	4 515.17	2 163.4	0.6	3 605.67	1 305.4	0.551	2 369.15
	吉林	1 357.6	0.602	2 255.15	1 058.2	0.604	1 751.99	898.1	0.63	1 425.56
	内蒙古	812.1	0.628	1 293.15	496.9	0.58	856.72	396.5	0.623	636.44

续表

工程区	省（自治区、直辖市）	"九五"			"十五"			"十一五"		
		木材限额	出材率	采伐量	木材限额	出材率	采伐量	木材限额	出材率	采伐量
重点国有林区	海南	225.7	0.68	331.91	383.6	0.659	582.09	515.7	0.685	752.85
	新疆	300	0.628	477.71	262.1	0.543	482.69	238.2	0.548	434.67
	小计	5 463.2	—	8 873.09	4 364.2	—	7 279.16	3 353.9	—	5 618.66
黄河上中游	内蒙古	655.9	0.603	1 087.73	391.7	0.534	733.52	451.6	0.553	816.64
	山西	150.9	0.51	295.88	81.6	0.5	163.20	70	0.571	122.59
	河南	800	0.556	1 438.85	514.6	0.555	927.21	562.5	0.646	870.74
	陕西	815.8	0.466	1 750.64	237.6	0.47	505.53	399.9	0.485	824.54
	甘肃	242.3	0.588	412.07	157.5	0.437	360.41	140.4	0.504	278.57
	青海	30.5	0.61	50.00	3.7	0.61	6.07	3.6	0.61	5.90
	宁夏	8.5	0.65	13.08	4	0.615	6.50	56	0.65	86.15
	小计	2 703.9	—	5 048.25	1 390.7	—	2 702.44	1 684	—	3 005.13
长江上游	四川	2 650	0.536	4 944.03	655.6	0.5	1 311.20	1 324	0.5	2 648.00
	重庆	—	—	—	84.7	0.495	171.11	170.1	0.53	320.94
	贵州	908.7	0.653	1 391.58	515.5	0.651	791.86	720	0.657	1 095.89
	云南	3 750.3	0.615	6 098.05	2 669.6	0.62	4 305.81	3 148.2	0.646	4 873.37
	湖北	800	0.625	1 280.00	725	0.63	1 150.79	863.2	0.65	1 328.00
	西藏	—	—	—	232.3	0.333	697.60	221	0.333	663.66
	小计	8 109	—	13 713.66	4 882.7	—	8 428.37	6 446.5	—	10 929.87
天保工程	总计	16 276.1	—	27 635.00	10 637.6	—	18 409.97	11 484.4	—	19 553.66

注：—表示该值缺省

4.1.3 工程区内各省（自治区、直辖市）木材调减量的固碳效益

根据第六次（1999～2003年）和第七次（2004～2008年）两期全国森林资源清查数据，计算出成熟林与过熟林的蓄积平均碳密度（表4-3）。

表4-3 各省（自治区、直辖市）成熟林与过熟林的蓄积平均碳密度

省（自治区、直辖市）	蓄积平均碳密度/（Mg/m³）		省（自治区、直辖市）	蓄积平均碳密度/（Mg/m³）	
	1999～2003年	2004～2008年		1999～2003年	2004～2008年
山西	0.677	0.658	贵州	0.454	0.459
内蒙古	0.527	0.515	云南	0.410	0.435
吉林	0.518	0.496	西藏	0.337	0.343
黑龙江	0.539	0.540	陕西	0.587	0.585
河南	0.634	0.564	甘肃	0.410	0.410
湖北	0.474	0.493	青海	0.441	0.422
海南	0.490	0.514	宁夏	0.475	0.654
重庆	0.456	0.417	新疆	0.363	0.352
四川	0.365	0.369			

以"九五"期间数据为基准，可计算出"十五"和"十一五"期间天保工程区各省（自治区、直辖市）的木材调减量，结合表4-3各

省（自治区、直辖市）成熟林与过熟林蓄积平均碳密度，估算出天保工程一期由于工程木材调减措施而增加的植被固碳量（表4-4）。

表4-4 天保工程一期各省（自治区、直辖市）木材调减植被固碳量

工程区	省（自治区、直辖市）	"十五"		"十一五"	
		木材减少量/万 m³	固碳量/Tg	木材减少量/万 m³	固碳量/Tg
重点国有林区	黑龙江	909.5	4.90	2146.0	11.59
	吉林	503.2	2.60	829.6	4.12
	内蒙古	436.4	2.30	656.7	3.38
	海南	-250.2	-1.23	-420.9	-2.16
	新疆	-5.0	-0.02	43.0	0.15
	小计	1593.9	8.55	3254.4	17.08
黄河上中游	内蒙古	354.2	1.87	271.1	1.40
	山西	132.7	0.90	173.3	1.14
	河南	511.6	3.24	568.1	3.21
	陕西	1245.1	7.31	926.1	5.42
	甘肃	51.7	0.21	133.5	0.55
	青海	43.9	0.19	44.1	0.19
	宁夏	6.6	0.03	-73.1	-0.48
	小计	2345.8	13.75	2043.1	11.43
长江上游	四川	3632.8	13.30	2296.0	8.49
	重庆	-171.1	-0.63	-320.9	-1.18
	贵州	599.7	2.72	295.7	1.36

续表

工程区	省（自治区、直辖市）	"十五"		"十一五"	
		木材减少量/万 m³	固碳量/Tg	木材减少量/万 m³	固碳量/Tg
长江上游	云南	1792.2	7.36	1224.7	5.33
	湖北	129.2	0.61	−48.0	−0.24
	西藏	0.0	0.00	33.9	0.12
	小计	5982.8	23.36	3481.4	13.88
天保工程区	总计	9922.5	45.66	8778.9	42.39

注：西藏"九五"期间缺乏木材调减数据，因此以"十五"为基准值进行计算

研究结果表明，在天保工程一期实施期间，由于木材调减措施，天保工程植被固碳量达 88.05Tg，其中重点国有林区、黄河上中游工程区和长江上游工程区的固碳量分别为 25.63Tg、25.18Tg 和 37.24Tg。从各省（自治区、直辖市）来看，黑龙江和四川在"十五"和"十一五"期间的木材调减固碳量较大，分别达到 4.90Tg、11.59Tg 和 13.30Tg、8.49Tg。从整个工程区来看，"十五"和"十一五"期间的天保工程木材调减固碳量分别为 45.66Tg 和 42.39Tg，两个时间段内木材调减的固碳量相差不大。

4.2 天保工程实施造林固碳效益

近年来，许多学者对我国的森林生物量碳库进行了研究，研究结果表明中国森林生物量碳库在区域和全球碳收支中具有重要作用，而且在中国森林生物量碳库中，人工林的生物量碳库持续增加（Guo et al., 2013）。这主要是由于自 1979 年开始，中国进行了一系列的重大林业生态工程建设，其中包括退耕还林（草）工程、"三北"防护林体系建设工程、长江流域防护林体系建设工程、京津风沙源治理工程和天然林资源保护工程等林业工程。由于这些工程公益林建设的大部分人工林处于幼龄林阶段，因此这些人工林具有很高的固碳潜力。

自 1998 年以来，为应对生态环境日益恶化的问题，我国启动了天保工程。天保工程以对天然林的重新分类和区划，调整森林资源经营方向，促进天然林资源的保护、培育和发展为措施，以维护和改善生态环境，满足社会和国民经济发展对林产品的需求为根本目的（Wei et al., 2013）。其主要任务包括大幅度调减长江上游、黄河上中游工程区和东北、内蒙古等重点国有林区木材产量，全面停止长江上游、黄河上中游工程区天然林的商品性采伐和加快工程区内荒山荒地造林绿化。工程包括 17 个省（自治区、直辖市），其中东北、内蒙古等重点国有林区包括吉林、黑龙江、海南、新疆和内蒙古东部，长江上游工程区包括湖北、重庆、四川、贵州、云南和西藏，黄河上中游工程区包括河南、陕西、山西、内蒙古、宁夏、甘肃和青海。天保工程不仅对我国生态环境的改善起着重要的作用，还在陆地生态系统碳固定方面发挥了巨大的作用（胡会峰和刘国华，2006）。但目前有关天保工程人工造林对森林植被碳储量及固碳潜力的影响还不明确，因此本研究主要关注以下两个方面：①天保工程一期（1998～2010 年）人工造林的植被固碳量；②天保工程二期（2011～2020 年）期间，天保工程一期人工造林的固碳潜力。

4.2.1　数据来源与方法

4.2.1.1　数据来源及处理

本研究基于第七次全国森林资源清查数据（2004～2008 年）、《中国林业统计年鉴》数据（1998～2010 年）和各省（自治区、直辖市）天保工程实施方案的有林地面积数据。

其中，全国森林资源清查数据主要用各省（自治区、直辖市）的人工林不同林龄级和蓄积的数据，建立人工林的生物量密度–林龄关系（Xu et al., 2010；Chen et al., 2012）。在统计各天保工程区人工造林面积时，只选择五大林种的用材林、防护林和特用林，而薪炭林和经济林未被选择，这主要是考虑到薪炭林作为能源林将释放碳，碳汇价值较低；经济林生长周期较短，只有短期的固碳能力。

4.2.1.2　生物量密度计算方法

采用生物量转换因子法估算第七次全国森林资源清查中人工林各森林类型的生物量密度（Fang et al., 2001），即根据各森林各林龄级的面积和蓄积数据计算蓄积量密度，再采用生物量转换因子法计算生物量密度，方程如下：

$$BEF = a + \frac{b}{x}, B = BEF \cdot x$$

式中，x 为某森林类型某林龄级的蓄积量密度；B 为生物量密度；a 和 b 为某一森林类型的常数；BEF 为生物量转换因子。

4.2.1.3 生物量密度与林龄的关系

按天保工程实施范围，结合《森林资源规划设计调查主要技术规定》，确定长江上游和黄河上中游天保工程区人工林各龄组的平均年龄为 10 年、20 年、35 年、50 年和 70 年，东北、内蒙古等重点国有林区人工林各龄组的平均年龄为 20 年、35 年、50 年、70 年和 90 年。考虑到气候带和树种的因素，重点国有林区中的海南的人工林各龄组的划分参照长江上游天保工程区。

利用 Logistic 生长方程来拟合各省（自治区、直辖市）人工林林分生物量密度与林龄的关系，即 $B = \dfrac{w}{1+ke^{-at}}$，其中 B 为林分生物量密度，t 为林龄，w、k 和 a 为常数。

4.2.1.4 造林生物量碳储量的预测

根据 1998 ~ 2008 年每年天保工程区用材林、防护林和特用林的造林面积，计算 2011 ~ 2020 年，天保工程一期造林植被固碳量。其公式为 $C_t = c \cdot \sum\limits_{t=1}^{12} f(t) \cdot S_t$，其中 C_t 为碳储量；c 为碳转换系数，采用系数为 0.5；$f(t)$ 为林分生长曲线；S_t 为造林面积；t 为林龄。

4.2.2 研究结果

4.2.2.1 生物量碳密度与林龄的关系

重点国有林区、黄河上中游和长江上游工程区的人工林生物量碳密度与林龄关系的拟合结果表明，Logistic 曲线的拟合效果较好，其 R^2 均大于0.75，表明曲线较好地拟合了各区域人工林的自然生长过程（图4-2）。

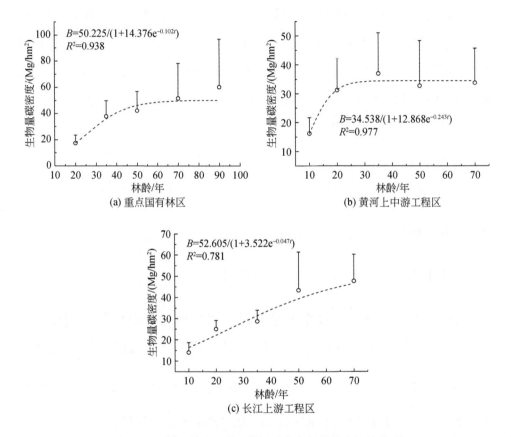

图4-2　不同区域人工林生物量碳密度与林龄之间的关系

4.2.2.2　各省（自治区、直辖市）造林面积及碳储量

天保工程一方面通过保护天然林来提高森林质量，另一方面通过人工造林进行公益林建设，减少水土流失。自1998年以来，人工造林

面积年际变化较大，其中 2009 年造林面积最大，达 129.435 万 hm²，而 2006 年造林面积最小，仅为 22.085 万 hm²。1998~2010 年，天保工程一期人工造林面积累计达 845.374 万 hm²，其中用材林、防护林和特用林面积分别为 61.195 万 hm²、779.834 万 hm² 和 4.345 万 hm²（图 4-3）。防护林是主要林种，防护林占人工造林面积比例在 63.44%~97.43%，平均比例为 90.5%。不同工程区的造林面积差异很大

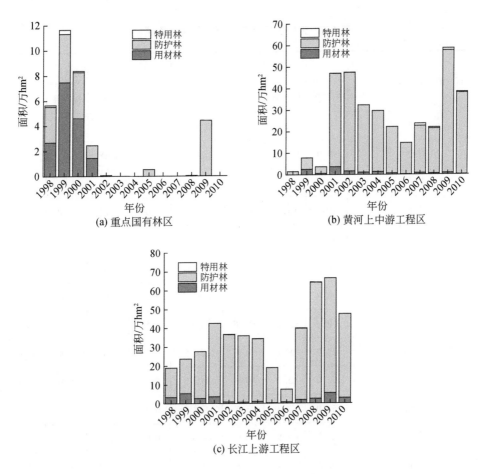

图 4-3　1998~2010 年天保工程造林面积

（表4-5），造林主要在黄河上中游工程区和长江上游工程区，其中四川、内蒙古和陕西累计造林面积分别为287.74万 hm²、125.15万 hm² 和119.62万 hm²。而重点国有林区主要是以木材调减为主，造林面积较小，其中吉林、黑龙江、新疆和海南造林面积分别为11.25万 hm²、13.44万 hm²、0.4万 hm² 和1.01万 hm²，整个重点国有林区的造林面积占天保工程面积比例仅为3.08%。

表4-5 天保工程区造林面积和造林固碳量

省（自治区、直辖市）	造林面积/10³hm²				碳储量/Tg			
	用材林	防护林	特用林	造林面积	用材林	防护林	特用林	总储量
山西	3.1	408.1	0.3	411.5	0.04	3.41	0.00	3.45
陕西	99.0	1096.7	0.5	1196.2	1.09	7.68	0.01	8.78
甘肃	10.5	401.3	20.7	432.4	0.14	3.26	0.07	3.47
青海	0.0	104.3	0.0	104.3	0.00	0.62	0.00	0.62
宁夏	0.0	109.3	0.0	109.3	0.00	0.93	0.00	0.93
河南	4.1	49.7	0.7	54.5	0.02	0.40	0.01	0.42
内蒙古（黄河上中游）	32.9	1209.2	9.4	1251.5	0.28	6.53	0.04	6.85
小计	149.6	3378.6	31.6	3559.7	1.57	22.83	0.13	24.52
内蒙古（重点国有林区）	28.9	99.6	0.0	128.5	0.24	0.63	0.00	0.87
吉林	90.9	20.7	0.9	112.5	0.78	0.17	0.01	0.96
黑龙江	54.0	76.9	3.6	134.4	0.48	0.68	0.03	1.19
新疆	2.5	1.5	0.0	4.0	0.02	0.01	0.00	0.03
海南	0.7	8.4	1.0	10.1	0.00	0.01	0.00	0.01
小计	177.0	207.1	5.5	389.5	1.52	1.50	0.04	3.06

续表

省（自治区、直辖市）	造林面积/$10^3 hm^2$				碳储量/Tg			
	用材林	防护林	特用林	造林面积	用材林	防护林	特用林	总储量
湖北	16.9	169.1	0.3	186.3	0.02	0.22	0.00	0.24
重庆	50.8	357.5	0.0	408.3	0.06	0.34	0.00	0.40
四川	142.5	2732.4	2.6	2877.4	0.13	2.35	0.00	2.48
贵州	38.7	317.7	3.3	359.7	0.03	0.31	0.00	0.34
云南	65.3	678.5	0.3	744.2	0.05	0.57	0.00	0.62
西藏	0.0	57.1	0.0	57.1	0.00	0.04	0.00	0.04
小计	314.2	4312.3	6.5	4633.0	0.29	3.83	0.00	4.12
合计	640.8	7898.0	43.6	8582.2	3.38	28.16	0.17	31.70

每年人工造林的植被固碳量主要由造林面积和各地区生物量碳密度与林龄的关系共同决定。截至2010年，虽然2001年造林面积（92.222万 hm^2）不是最大，但由于生长时间较长，其植被固碳量最大，达7.18Tg。而2009年虽然造林面积最大，但由于生长时间较短，植被固碳量仅为2.38Tg。不同省（自治区、直辖市）实施天保工程的时间不同，造林面积和生物量碳密度与林龄的关系不同，因此天保工程一期结束时（2010年），各省（自治区、直辖市）造林植被固碳量差异较大（表4-5）。陕西、内蒙古（黄河上中游）、甘肃、山西和四川的人工造林植被固碳量分别为8.78Tg、6.85Tg、3.47Tg、3.45Tg和2.48Tg，占整个天保工程区人工造林植被固碳量的78.96%，而海南最少，其造林植被固碳量仅为0.01Tg。通过实施天保工程，1998～2010年人工造林植被固碳量累计达31.7Tg（图4-4）。

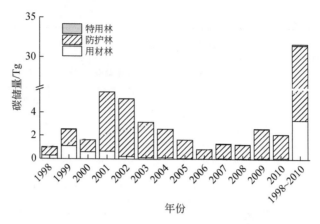

图 4-4　不同造林时间的植被碳储量

4.2.2.3　天保工程造林植被碳库预测

基于林龄-碳密度模型和 1998～2010 年天保工程造林面积数据，计算天保工程一期造林植被固碳量在之后 10 年（天保工程二期）中的碳库变化（图 4-5）。在不考虑采伐和死亡的条件下，天保工程一期造林植被固碳量表现为增加趋势，2020 年天保工程二期结束时，其植被固碳量达 96.03Tg。与 2010 年植被固碳量 33.67Tg 相比，增加了 62.36Tg，年平均固碳量为 6.24Tg［图 4-5（d）］。

虽然不同工程区的植被固碳量都表现为增加趋势［图 4-5（a）~（c）］但不同区域造林面积和林龄-碳密度关系的差异较大，碳汇潜力不同，不同区域的造林植被固碳量差异较大（图 4-5）。2020 年天保工程二期结束时，重点国有林区、黄河上中游工程区和长江上游工程区由于天保工程一期造林措施而增加的植被固碳量分别为 5.64Tg、85.97Tg 和 4.42Tg，占天保工程一期造林植被固碳量（96.03Tg）的比例分别为 5.873%、89.524% 和 4.603%。若按照林业局统计数据计算，全国天

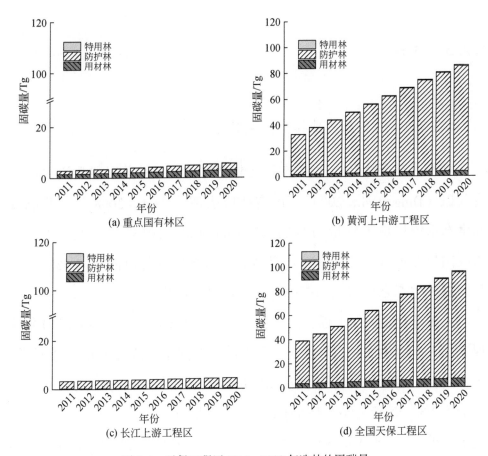

图 4-5　天保工程区 2011～2020 年造林的固碳量

保工程造林植被固碳量中，防护林植被固碳量为 88.1Tg，占植被总固碳量的比例达 91.74%，而用材林和特用林固碳量较少，其固碳量分别为 7.1Tg 和 0.7Tg。不同工程区的各林种固碳潜力不同，黄河上中游工程区和长江上游工程区的造林植被固碳潜力以防护林为主，其固碳量占黄河上中游工程区和长江上游工程区总固碳量的比例分别为 95% 和 93%，而重点国有林区天保工程造林植被固碳潜力以防护林和用材林为主，其固碳潜力占重点国有林区总固碳潜力的比例分别为 54% 和 45%。

4.2.3 讨论

4.2.3.1 天保工程造林植被碳汇潜力

目前，对森林是陆地生态系统重要的碳汇，科学家和政治家已达成共识（Ding et al.，2009）。已有研究表明，2004～2008年，我国森林生态系统植被固碳量为6427Tg（Guo et al.，2013）。而天保工程作为我国林业重点工程之一，其森林面积占全国森林总面积的45%，在我国森林生态系统碳汇功能中具有举足轻重的作用。

人工造林是天保工程公益林建设的一个重要内容，1998～2010年天保工程人工造林面积达845.374万hm²。根据本研究建立的模型估算，天保工程一期造林2010年植被固碳量占2010年全国植被固碳量的比例约为1.3%。虽然天保工程造林的植被固碳量对抵消全球及我国碳排放的贡献较小，但是人工造林是《联合国气候变化框架公约的京都议定书》框架下清洁发展机制（clean development mechanism，CDM）中唯一的碳汇措施；另外由于没有估算天保工程实施过程中的造林固碳量（Ramos and Martinez-Casasn ovas，2006），会低估天保工程的固碳贡献。

Pan等（2004）研究得出森林生物量密度与林龄呈对数增长关系，即不同龄组间生物量密度差异较大，因此在计算森林生物量时，林龄是影响生物量密度变化的一个重要因素。而本研究只估算了天保工程一期（1998～2010年）造林到天保工程二期（2020年）时的植被固碳量。由于天保工程以保护为主，因此天保工程中由于人工造林而形成的森林，将在很长一段时间内充当陆地生态系统的一个重要碳汇，其植被固碳量在一定时间段内会随着时间推移而更多。

此外，天保工程公益林建设不同管理方式中，不仅有人工造林，还包括封山育林和森林管护等管理模式，而天保工程一期的造林面积占整个公益林建设面积的7.07%，假如以造林植被固碳量类推，整个天保工程植被碳汇潜力较大（图4-6）。

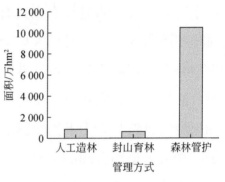

图4-6　2010年天保工程区公益林建设不同管理方式面积

4.2.3.2　不确定性分析

对区域尺度当前森林生物量碳库的估算有多种方法（Piao et al.，2005；Guo et al.，2010；Xiao et al.，2011），对未来森林生物量碳库变化趋势的预测一般利用模型估算的研究比较多（Zhao et al.，2012）。而由于不同时期的全国森林资源清查数据在区域尺度上已经考虑一些人工管理措施（如间伐、补植等）对森林生物量的影响，因此已有研究尝试利用不同时期的森林类型生物量密度与林龄关系，预测区域和全国尺度森林生物量碳库。结果表明，这种方法的预测效果较好，与实际值的误差在-2.1%~3.6%（Guo et al.，2010；Chen et al.，2012）。因此，本研究利用第七次全国森林资源清查数据，建立了人工林的生物量密度和林龄的关系。但只有一期数据，且是以省为统计单元，容易造成估算结果的差异，所以今后需要进一步更新现有的数据库。

由于研究的预测是基于一些假设，因此，其结果会存在一定的不确定性。主要影响因素包括：①受地理、气候等自然因素影响，造林成活率有限，统计的造林面积具有一定的不确定性。②用于建立模型的面积和蓄积等因子，对较大区域的代表性有限，根据统计数据拟合的模型存在一定的不确定性。③模型估算时，假设森林完全按照生长方程自然生长，而实际上，幼龄林植被固碳量受抚育管理、病虫害防治和火烧等自然与人为干扰的影响（Cai et al., 2013），由于缺乏这些影响的相关数据和合理的估算方法，而无法考虑这些活动对植被固碳潜力的影响，会高估植被固碳量。④气候变化、大气 CO_2 浓度升高和氮沉降等因素也会影响森林生物量密度累积过程（Piao et al., 2009），而忽略这些因素的影响，又会低估植被固碳潜力。

4.3　水土保持固碳效益

4.3.1　数据与方法

4.3.1.1　数据来源及处理

研究依据为 1995 年中国土壤侵蚀空间分布数据[①]、土地利用类型图（2000 年和 2010 年）、天保工程区图以及第二次全国土壤普查矢量图（图 4-7）。

---

① 数据来源于中国科学院资源环境科学与数据中心（http：//www. resdc. cn）。

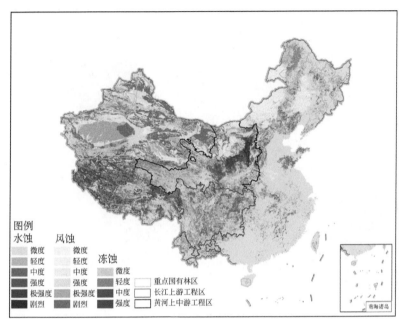

图例
水蚀　　　风蚀
微度　　　微度
轻度　　　轻度　　　冻蚀
中度　　　中度　　　微度
强度　　　强度　　　轻度　　　重点国有林区
极强度　　极强度　　中度　　　长江上游工程区
剧烈　　　剧烈　　　强度　　　黄河上中游工程区

(a) 全国土壤侵蚀

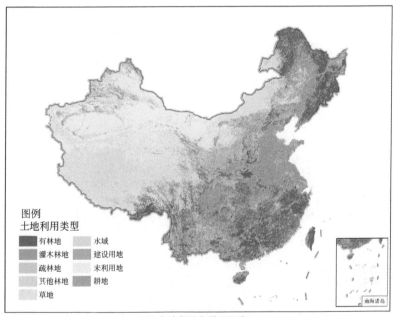

图例
土地利用类型
有林地　　　水域
灌木林地　　建设用地
疏林地　　　未利用地
其他林地　　耕地
草地

(b) 土地利用类型(2000年)

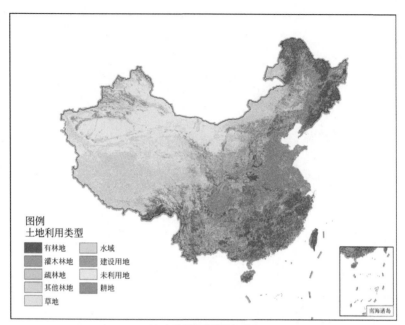

(c) 土地利用类型(2010年)

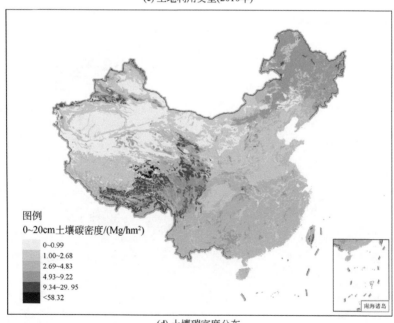

(d) 土壤碳密度分布

图4-7 全国土壤侵蚀、土地利用类型和土壤（0～20 cm）碳密度分布图

4.3.1.2　研究方法

通过将天保工程区矢量图、2000 年和 2010 年全国土地利用数据进行叠加，获取 2000 年和 2010 年工程区内土地利用变化数据；将土壤侵蚀空间分布数据与 2000 年全国土地利用数据进行叠加，可获取各区域不同土地利用类型土壤侵蚀系数；基于 2000 年和 2010 年工程区内土地利用变化数据和不同土地利用类型侵蚀数据，可以估算天保工程一期内工程区内土壤侵蚀量；而利用第二次全国土壤普查数据与天保工程分布矢量图进行叠加，获取天保工程不同区域的土壤碳密度，结合土壤侵蚀量数据，可估算天保工程一期实施后土地利用变化所导致的水土保持固碳量（图 4-8）。

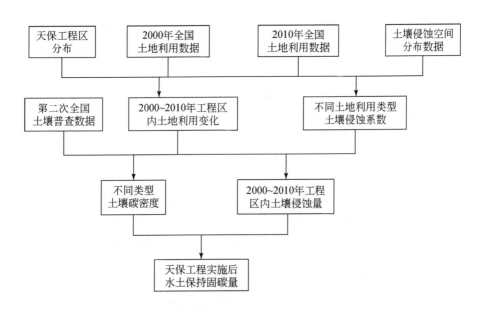

图 4-8　天保工程水土保持固碳效益估算技术路线

4.3.2 研究结果

4.3.2.1 2000~2010年土地利用变化

根据2000年和2010年全国土地利用数据，结合天保工程区边界矢量图，获取2000年和2010年两期工程区内不同土地利用类型面积（图4-9和图4-10）。结果表明，天保工程实施10年，工程区内不同土

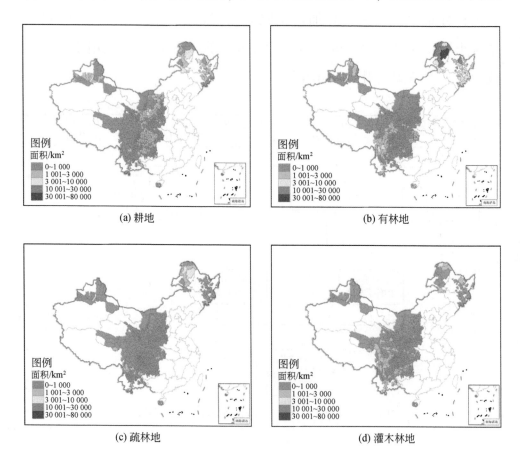

(a) 耕地　　　　　　　　　　(b) 有林地

(c) 疏林地　　　　　　　　　　(d) 灌木林地

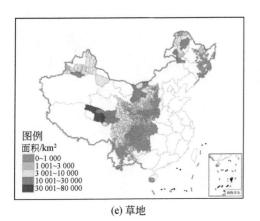
(e) 草地

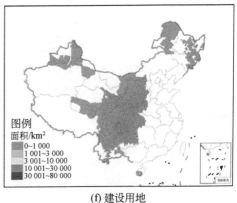
(f) 建设用地

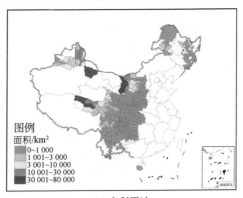
(g) 未利用地

图 4-9　2000 年工程区内不同土地利用类型

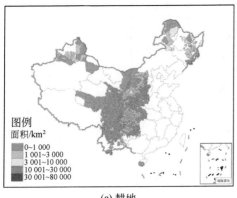
(a) 耕地

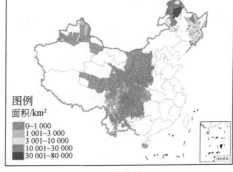
(b) 有林地

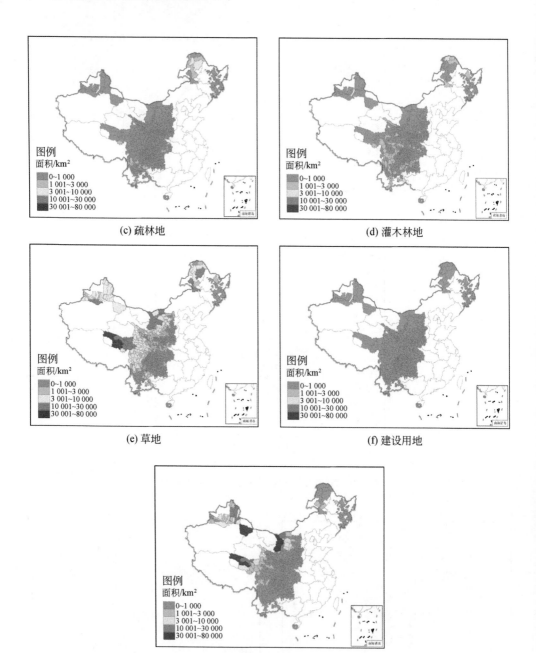

(c) 疏林地

(d) 灌木林地

(e) 草地

(f) 建设用地

(g) 未利用地

图 4-10　2010 年工程区内不同土地利用类型

地利用类型面积变化不大，工程区内面积减少的主要是耕地和草地，分别达到 0.42 万 km² 和 0.43 万 km²，而疏林地面积增加了 0.45 万 km²（表4-6 和表4-7）。

表 4-6　2000 年工程区土地利用面积　　　（单位：万 km²）

不同工程区	省（自治区、直辖市）	耕地	有林地	灌木林地	疏林地	草地	水域	建设用地	未利用地	总计面积
重点国有林区	海南	0.26	0.77	0.13	0.24	0.07	0.04	0.02	0.01	1.54
	黑龙江	3.81	11.24	1.47	0.30	1.13	0.31	0.21	0.46	18.94
	吉林	1.02	4.98	0.14	0.42	0.15	0.05	0.08	0.07	6.90
	内蒙古	1.29	9.78	0.29	1.67	5.65	0.06	0.09	0.51	19.33
	新疆	2.25	1.44	0.19	0.23	14.03	1.46	0.20	18.61	38.40
	小计	8.63	28.21	2.23	2.86	21.02	1.91	0.59	19.65	85.11
黄河上中游	甘肃	5.26	1.25	1.30	0.67	9.18	0.11	0.25	0.39	18.40
	河南	0.98	0.88	0.08	0.04	0.34	0.06	0.09	0.00	2.46
	内蒙古	2.59	0.28	0.34	0.12	11.54	0.49	0.46	11.31	27.13
	宁夏	1.84	0.03	0.11	0.09	2.36	0.09	0.10	0.47	5.09
	青海	0.75	0.28	1.87	0.37	25.46	1.11	0.06	8.53	38.44
	山西	3.73	1.04	1.06	0.52	2.56	0.08	0.25	0.00	9.23
	陕西	7.18	1.87	1.46	1.31	7.75	0.18	0.31	0.49	20.55
	小计	22.32	5.63	6.21	3.12	59.19	2.12	1.51	21.20	121.30
长江上游	贵州	3.86	1.92	3.56	1.51	2.12	0.03	0.05	0.00	13.06
	湖北	0.78	2.33	1.10	1.35	0.39	0.03	0.02	0.00	6.00
	四川	12.13	7.18	6.28	3.08	17.29	0.38	0.29	1.73	48.37
	西藏	0.01	0.56	0.14	0.00	1.06	0.01	0.00	0.18	1.97

续表

不同工程区	省（自治区、直辖市）	耕地	有林地	灌木林地	疏林地	草地	水域	建设用地	未利用地	总计面积
长江上游	云南	3.86	4.94	5.37	2.51	5.39	0.19	0.13	0.20	22.59
	重庆	3.86	0.96	1.07	1.01	1.19	0.09	0.06	0.00	8.24
	小计	24.50	17.89	17.53	9.47	27.44	0.73	0.54	2.12	100.22
天保工程区	合计	55.45	51.73	25.97	15.44	107.66	4.77	2.65	42.97	306.63

表 4-7　2010 年工程区土地利用面积　　　　（单位：万 km²）

不同工程区	省（自治区、直辖市）	耕地	有林地	灌木林地	疏林地	草地	水域	建设用地	未利用地	总计面积
重点国有林区	海南	0.26	0.76	0.13	0.25	0.07	0.04	0.02	0.01	1.55
	黑龙江	3.81	11.13	1.49	0.36	1.15	0.31	0.22	0.45	18.94
	吉林	1.02	4.95	0.15	0.41	0.17	0.05	0.08	0.07	6.90
	内蒙古	1.30	9.75	0.32	1.75	5.58	0.06	0.09	0.50	19.33
	新疆	2.52	1.43	0.19	0.23	13.85	1.47	0.21	18.50	38.40
	小计	8.92	28.03	2.27	3.00	20.81	1.93	0.62	19.53	85.11
黄河上中游	甘肃	5.15	1.25	1.32	0.70	9.22	0.11	0.26	0.39	18.40
	河南	0.97	0.88	0.08	0.04	0.34	0.06	0.10	0.00	2.46
	内蒙古	2.57	0.34	0.35	0.12	11.41	0.48	0.48	11.38	27.13
	宁夏	1.76	0.03	0.12	0.11	2.38	0.09	0.13	0.48	5.09
	青海	0.75	0.28	1.87	0.37	25.40	1.12	0.07	8.58	38.44
	山西	3.67	1.04	1.05	0.52	2.58	0.08	0.28	0.00	9.23
	陕西	7.00	1.87	1.48	1.42	7.78	0.19	0.34	0.48	20.55
	小计	21.86	5.69	6.26	3.30	59.10	2.14	1.66	21.30	121.30

续表

不同工程区	省（自治区、直辖市）	耕地	有林地	灌木林地	疏林地	草地	水域	建设用地	未利用地	总计面积
长江上游	贵州	3.86	1.94	3.58	1.57	2.02	0.04	0.05	0.00	13.06
	湖北	0.77	2.32	1.10	1.35	0.39	0.04	0.02	0.00	6.00
	四川	12.00	7.17	6.30	3.10	17.31	0.39	0.36	1.75	48.37
	西藏	0.01	0.56	0.14	0.00	1.06	0.01	0.00	0.18	1.97
	云南	3.83	4.93	5.38	2.54	5.38	0.19	0.15	0.20	22.59
	重庆	3.78	0.97	1.08	1.04	1.16	0.10	0.11	0.00	8.24
	小计	24.25	17.90	17.57	9.60	27.32	0.76	0.69	2.14	100.22
天保工程区	合计	55.03	51.62	26.10	15.89	107.23	4.82	2.97	42.97	306.63

4.3.2.2 水土保持固碳量

根据全国土壤侵蚀空间分布图，结合工程区内土地利用类型图，获取工程区内不同土地利用类型的侵蚀系数（图 4-11）。天保工程区内，黄河上中游地区的侵蚀最强，而东北地区侵蚀最弱。

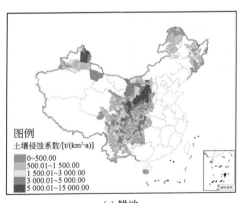

(a) 耕地

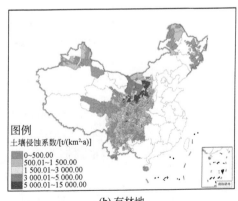

(b) 有林地

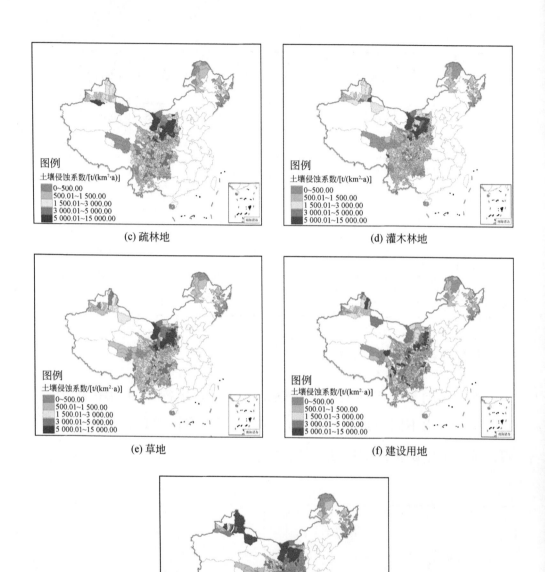

(c) 疏林地　　　　　　　　(d) 灌木林地

(e) 草地　　　　　　　　(f) 建设用地

(g) 未利用地

图 4-11　工程区不同土地利用类型的土壤侵蚀系数

　　根据各地区不同土地利用类型侵蚀系数、2000 年和 2010 年天保工程区内不同土地利用类型面积，可以计算出 2000 年和 2010 年水土流失量（图 4-12）。结果表明，2000 年和 2010 年天保工程区水土流失量分别为 74.5 亿 t 和 74.41 亿 t，其中 2000 年与 2010 年重点国有林区、黄河上中游工程区和长江上游工程区水土流失量分别为 22.62 亿 t、37.50 亿 t 和 14.38 亿 t 与 22.57 亿 t、37.48 亿 t 和 14.36 亿 t，重点国有林区和黄河上中游工程区水土流失量较大，主要是由于重点国

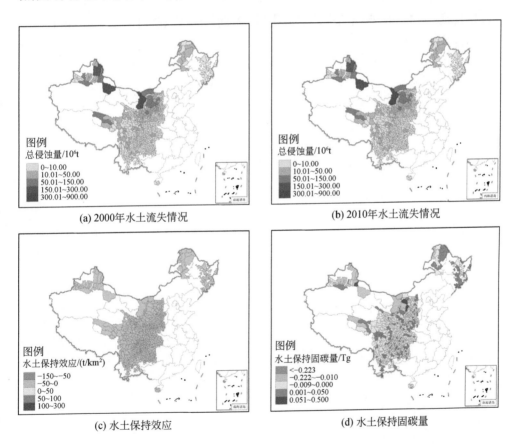

(a) 2000年水土流失情况　　　　　　　　　(b) 2010年水土流失情况

(c) 水土保持效应　　　　　　　　　(d) 水土保持固碳量

图 4-12　2000 年和 2010 年天保工程区水土流失情况、水土保持效应与水土保持固碳量

有林区的新疆地区和黄河上中游工程区的内蒙古地区水土流失比较严重。通过比较2000年和2010年水土流失量，估算工程区年水土保持贡献达到0.08亿t，其中重点国有林区、黄河上中游工程区和长江上游工程区水土保持土壤固持量分别为-0.04亿t、-0.01亿t和-0.02亿t。由全国土壤普查数据，获取各区域土壤碳密度，结合水土保持减少的土壤流失量，估算出水土保持固碳量。结果表明，天保工程区水土保持固碳量为-0.929Tg，其中重点国有林区、黄河上中游工程区和长江上游工程区水土保持固碳量分别为-0.624Tg、-0.080Tg和-0.225Tg。

第 5 章 工程区森林碳储量影响因素研究

5.1 引 言

中国天然林资源保护工程在空间尺度上是国际上最重要的森林保护和恢复举措之一。其主要目标是通过对天然林重新分类和区划，调整森林资源经营方向，促进天然林资源的保护、培育和发展，从根本上遏制生态环境恶化，促进社会、经济的可持续发展（Zhang et al.，2000）。工程的主要任务包括全面停止长江上游、黄河上中游工程区天然林的商品性采伐，大幅调减长江上游、黄河上中游工程区和东北、内蒙古等重点国有林区木材产量，加快工程区内宜林荒山荒地造林绿化。工程在 1998 年试点启动 12 个省（自治区、直辖市）的基础上，于 2000 年在全国 17 个省（自治区、直辖市）正式全面启动。整个工程区包括长江上游、黄河上中游工程区以及东北、内蒙古等重点国有林区（张志达，2006；胡会峰和刘国华，2006）。

目前关于天保工程的研究更多是偏重于天保工程实施对森林资源（Cao et al.，2010；Zhang et al.，2011）、社会经济（Edstrom et al.，

2012）、区域景观格局（罗杰等，2010；Yu et al.，2011）、区域生态恢复（Horst et al.，2005；Wu et al.，2011；Ren et al.，2015）以及生态服务功能（Liu et al.，2008）的影响。而有关天保工程实施对区域碳储量影响的研究，主要集中于商品材产量的调减（胡会峰和刘国华，2006）、人工造林（Zhou et al.，2014）和天然林抚育管理（Zhang et al.，2011）等工程措施以及森林植被自然更新生长（Wei et al.，2013）对天保工程区内植被碳储量的影响。这些因素对植被碳储量的影响存在一定的关联性，如在进行森林抚育时，既要考虑到林分的产量，又要考虑到林分固碳功能的发挥，只从单一因素入手，很难从整体把握工程措施对区域植被碳储量的影响及作用的强弱。此外，我国天保工程又包含长江上游工程区、黄河上中游工程区以及东北、内蒙古等重点国有林区 3 个区域的子工程，不同区域在实施天保工程过程中，不同的工程措施和营林活动对区域碳储量的贡献值是不一样的。因此，需要整体分析各因素对工程植被碳储量的影响及贡献（续珊珊，2011）。

向量自回归（vector autoregression，VAR）模型是对多个相互联系的变量进行综合分析的一种方法，它把系统中每一个内生变量作为系统中所有内生变量滞后值的函数来构造模型，从而将单变量自回归模型推广到由多元时间序列变量组成的向量自回归模型，预测相互联系的时间序列系统及分析随机扰动对变量系统的动态冲击，从而解释各个冲击所带来的影响。该模型可以分析和预测随机扰动项对系统变量产生冲击的正负、大小、滞后和持续时间，以解决系统中各变量之间互相冲击产生影响的问题，最终达到确定哪些因素是主要影响因素，且其影响程度有多大，从而确定其主导因素和潜在因素（高铁梅，2006）。

本研究利用森林资源清查数据计算森林植被碳储量，以对森林资源有重要影响的自然因素和非自然因素为变量，运用 VAR 模型来探究气温、降水、木材产量、病虫害发生面积、森林火灾面积、森林抚育面积和人工更新造林面积与植被碳储量之间的动态关系，从而回答以下两个问题：①天保工程区植被碳汇功能的变化特征；②天保工程区不同区域碳储量的主导影响因素及贡献。

5.2 数据及研究方法

5.2.1 数据来源及处理

森林乔木碳储量数据是基于 1977～1981 年、1984～1988 年、1989～1993 年、1994～1998 年、1999～2003 年、2004～2008 年和 2009～2013 年共 7 次全国森林资源清查中的各优势树种的面积和蓄积数据，采用生物量转换因子法计算出生物量，再与 0.5 的含碳系数相乘所得，最后加和作为天保工程区总的乔木碳储量。

降水与温度数据采用中国气象科学数据网中 1981～2013 年这 33 年间天保工程区 17 个省（自治区、直辖市）所有台站的年均降水量和年均温度，将各省（自治区、直辖市）所有台站的年均降水量和年均温度分别加和求得平均值作为各省（自治区、直辖市）的年均降水量和年均温度，最后将各省（自治区、直辖市）的年均降水量和年均温度加和求得平均值作为天保工程区的年均降水量和年均温度。

森林病虫害、木材产量、森林火灾、森林抚育和人工更新造林等数据，均采用《全国林业统计资料汇编（1949—1987）》、《全国林业统计资料》（1987～1996年）、《中国林业统计资料（1997）》和《中国林业统计年鉴》（1998～2013年）中各省（自治区、直辖市）的统计数据，最后加和作为天保工程区总的病虫害发生面积、木材产量、森林火灾面积、森林抚育面积和人工更新造林面积。

具体各变量信息见表5-1。

表5-1　各变量相关信息

变量	变量代号	单位	数据范围	数据来源	备注
病虫害发生面积	pest	hm²	1981～2013年	统计数据	《全国林业统计资料汇编（1949—1987）》、《全国林业统计资料》（1987～1996年）、《中国林业统计资料（1997）》、《中国林业统计年鉴》（1998～2013年）
木材产量	timber	m³	1981～2013年		
森林火灾面积	fire	hm²	1981～2013年		
森林抚育面积	tending	hm²	1981～2013年		
人工更新造林面积	reforest	hm²	1981～2013年		
年均温度	t	℃	1981～2013年	中国气象科学数据网	以各省（自治区、直辖市）所有台站的年均降水量和年均温度为基础数据，分别取平均值作为各省（自治区、直辖市）的年均降水量和年均温度。
年均降水量	p	mm	1981～2013年		各省（自治区、直辖市）台站数量：甘肃35个，青海39个，宁夏10个，山西19个，陕西22个，河南18个，内蒙古50个

需要说明的是，由于 1980～2010 年，宁夏和青海的森林火灾面积以及西藏的病虫害发生面积、森林抚育面积数据存在缺失的情况，因此，本研究计算结果不包含这三个省（自治区）的以上三个因素。另外，由于该模型要求时间序列数据大于 30 年，但 1997 年重庆才成为直辖市，因此将重庆数据与四川数据合并后作为一个整体代入模型运算。而海南的数据只包含 1988～2013 年，其样本容量不能满足模型运行条件，故本研究也暂且不对其进行讨论。

5.2.2　VAR 模型

VAR 模型是通过预测相互联系的时间序列系统及分析随机扰动对变量系统的动态冲击，从而解释各个冲击所带来的影响的模型（Allen and Morzuch，2006；高铁梅，2006；董承章等，2011）。该模型可以分析与预测随机扰动项对系统变量产生冲击的正负、大小、滞后和持续时间，以解决系统中各变量之间互相冲击产生影响的问题（续珊珊，2011），最终确定哪些因素是主要影响因素，且其影响程度有多大，从而确定其主导因素和潜在因素（倪延延和张晋昕，2014）。

VAR（p）模型的数学表达式为

$$y_t = A_1 y_{t-1} + \cdots + A_p y_{t-p} + Bx_t + \varepsilon_t \quad t=1,2,\cdots,T \tag{5-1}$$

式中，y_t 为 h 维的内生变量向量；x_t 为 k 维的外生变量向量；p 为滞后阶数；T 为样本个数；$h \times h$ 维矩阵 A_1，$\cdots$，A_p 和 $h \times k$ 维矩阵 B 为被估计的系数矩阵；ε_t 为 k 维的扰动向量。式（5-1）可以用矩阵表示为

$$\begin{pmatrix} y_{1t} \\ y_{2t} \\ \vdots \\ y_{ht} \end{pmatrix} = A_1 \begin{pmatrix} y_{1t-1} \\ y_{2t-1} \\ \vdots \\ y_{ht-1} \end{pmatrix} + A_2 \begin{pmatrix} y_{1t-2} \\ y_{2t-2} \\ \vdots \\ y_{ht-2} \end{pmatrix} + \cdots + B \begin{pmatrix} x_{1t} \\ x_{2t} \\ \vdots \\ x_{kt} \end{pmatrix} + \begin{pmatrix} \varepsilon_{1t} \\ \varepsilon_{2t} \\ \vdots \\ \varepsilon_{kt} \end{pmatrix} \quad t = 1, 2, \cdots, T \quad (5\text{-}2)$$

式中，y_t 即表示为含有 h 个时间序列变量的 VAR（p）模型由 h 个方程组成（高铁梅，2006；张延群，2012）。

该模型不关心每个方程的回归系数是否显著，检验的重点是模型整体的稳定性水平，只有在 VAR 系统稳定的基础上，才能利用脉冲响应函数和方差分解来研究随机扰动对变量系统的动态冲击（童光荣和何耀，2008）。

5.2.3　计量分析

研究选用 EViews 6.0 计量分析软件，构建工程区森林病虫害、木材产量、森林火灾、森林抚育、人工更新造林、降水量、温度等因素与碳储量间的 VAR 模型，模拟不同因素对天保工程区碳储量的影响。

在模型运行中，为了消除各个变量之间可能存在的异方差问题，首先对原始变量病虫害发生面积（pest）、木材产量（timber）、森林火灾面积（fire）、森林抚育面积（tending）、人工更新造林面积（reforest）、降水量（p）、温度（t）和碳储量（carbon）均取自然对数后建模，并在这些变量前加字母"ln"表示其自然对数，分别为 lnpest、lntimber、lnfire、lntending、lnreforest、ln$p$、ln$t$、lncarbon。

然后，为了确定模型所选变量是否合理，各变量是否是平稳序列，它们之间是否存在长期稳定的均衡关系，以及各变量构成的模型整体能否平稳运行，即判断运用 VAR 模型进行分析并得出结果的前提条件是否得到满足，我们需要在运用模型进行相关分析和预测之前，对模型的可行性进行一系列的检验，即模型验证。

5.2.3.1　变量平稳性检验——单位根（ADF）检验

首先，对取自然对数后的原始数列进行单位根检验，若在单位根检验后 ADF 统计量的值大于临界值，就不能拒绝非平稳和存在单位根的假设，也就是将得出序列是非平稳的结论。然后，就要对这个非平稳序列进行差分来确定这个序列是一次单整还是更高次单整。如果序列的一阶差分序列不存在单位根，则它为一阶单整；若一阶差分序列仍是非平稳的，那么就要继续对二阶差分序列进行单位根检验，依此类推下去，直到序列不存在单位根变成平稳序列。

从各变量原始序列的单位根检验结果看，各变量序列的 ADF 统计量均大于 1%、5% 和 10% 三个检验水平下的临界值（表 5-2）。由此可判断，各原始序列均存在单位根，即均为非平稳序列，故我们要对其进行差分处理。d 算子是用于差分的，在设定一阶差分时，只需在 d 后加入序列名称，如 dlncarbon 设定了森林乔木碳储量的一阶差分，即 $dlncarbon = \ln(carbon) - \ln[carbon(-1)]$，即下文的 dlncarbon。随后，我们继续对各个变量的一阶差分序列做单位根检验，检验结果如下。

表 5-2　各变量原始序列的 ADF 检验结果

序列	ADF 统计量	1% 临界值	5% 临界值	10% 临界值	P 值
lncarbon	1.8531	−2.6416	−1.9520	−1.6104	0.9824
lnfire	−0.9599	−2.6392	−1.9516	−1.6105	0.2940
ln$p$	−0.6765	−2.6501	−1.9533	−1.6097	0.4149
lnpest	0.7592	−2.6416	−1.9520	−1.6104	0.8728
lnreforest	0.6643	−2.6392	−1.9516	−1.6105	0.8544
ln$t$	0.8593	−2.6443	−1.9524	−1.6102	0.8904
lntending	2.7777	−2.6416	−1.9520	−1.6104	0.9980
lntimber	−0.2196	−2.6392	−1.9516	−1.6105	0.5992

从各变量一阶差分序列的单位根检验结果看，各序列的 ADF 统计量均小于 1%、5% 和 10% 三个检验水平下的临界值（表 5-3）。由此可判断，各变量一阶差分序列均不存在单位根，即均为一阶单整的平稳序列。因此，在以下分析中，均使用以上变量的一阶差分序列进行研究，并在这些变量前加字母"d"表示一阶差分序列（吴振信等，2011）。

表 5-3　各变量一阶差分的 ADF 检验结果

序列	ADF 统计量	1% 临界值	5% 临界值	10% 临界值	P 值
dlncarbon	−8.4242	−2.6443	−1.9524	−1.6102	0.0000
dlnfire	−5.9753	−2.6501	−1.9533	−1.6097	0.0000
dln$p$	−4.8715	−2.6693	−1.9564	−1.6084	0.0000
dlnpest	−10.3953	−2.6471	−1.9529	−1.6100	0.0000
dlnreforest	−4.4122	−2.6534	−1.9538	−1.6095	0.0001
dln$t$	−4.1334	−2.6693	−1.9564	−1.6084	0.0002

续表

序列	ADF 统计量	1% 临界值	5% 临界值	10% 临界值	P 值
dlntending	−6. 5867	−2. 6501	−1. 9533	−1. 6097	0. 0000
dlntimber	−9. 8766	−2. 6443	−1. 9524	−1. 6102	0. 0000

5.2.3.2 滞后阶数检验

在进行时间系列分析时，传统上要求所用的时间系列必须是平稳的，即没有随机趋势或确定趋势，否则会产生"伪回归"问题。但是，在现实中，时间序列通常是非平稳的，我们可以对它进行差分把它变平稳（如之前我们对各原始序列进行的一阶差分的处理），但这样会让我们失去总量的长期信息，而这些信息对分析问题来说又是必要的，所以用协整来解决此问题，最终达到确定各个变量之间的长期稳定的均衡关系（Chong and Sha，2008）。

在做协整性检验时，要注意滞后期的选择，因为协整检验的最优滞后一般为 VAR 的最优滞后减去 1，所以，我们先来确定 VAR 模型的最大滞后阶数。

表 5-4 中给出了 0～2 阶 VAR 模型的五个评价统计指标：LR（对数似然比检验）、FPE（最终预测误差）、AIC（赤池信息准则）、SC（施瓦茨信息准则）和 HQ（汉南-奎因信息准则）的值，并以"*"标记了各评价指标给出的最小滞后期，如果出现检验结果不一致时，便根据多数原则来确定 VAR 的滞后阶数。可以看到，研究结果中五个准则选择出来的滞后阶数都为 2，所以将 VAR 模型的滞后阶数定义为 2 阶，确定建立 VAR（2）模型，并且协整检验的最优滞后为 1。

表 5-4　滞后阶数判断结果

滞后阶数	LR	FPE	AIC	SC	HQ
0	—	6.49×10^{-14}	-7.6624	-7.2888	-7.5429
1	92.1946	6.68×10^{-14}	-7.7860	-4.4231	-6.7102
2	55.7736*	1.89×10^{-13}*	-7.8096*	-1.4575*	-5.7775*

5.2.3.3　模型平稳性检验

图 5-1 为 VAR 特征根图，它以画图的形式给出了 VAR 模型特征根的倒数值。如果全部根的倒数值都在单位圆之内，则 VAR 模型是稳定的，否则是不稳定的。从图 5-1 的模型平稳性检验结果看，本研究构建的 VAR（2）模型的全部特征根的倒数均小于 1，即全部落在单位圆内，这说明该 VAR（2）模型系统是稳定的，可以用其进行后续的分析，并且后续分析结果是合理的。

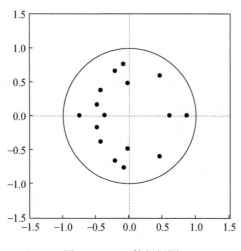

图 5-1　VAR 特征根图

5.3 研 究 结 果

5.3.1 天保工程区植被碳汇的变化

天保工程区内植被碳储量和碳密度表现出时空差异性（表 5-5）。其中，长江上游工程区植被碳储量比较高，占天保工程区植被总碳储量的 34.967% ~47.46%，而黄河上中游工程区植被碳储量较低，占天保工程植被总碳储量的 22.29% ~26.28%。整个天保工程区植被碳储量由 1977 ~1981 年调查期间的 3784.1Tg 增加到 2009 ~2013 年调查期间的 6000.6Tg，净增 2216.5Tg，年均增加率为 59.9Tg/a。其中，黄河上中游工程区、长江上游工程区和重点国有林区年增加率分别为 12.89Tg/a、40.34Tg/a 和 6.67Tg/a，长江上游工程区植被碳汇功能最强。

天保工程实施时间前后，植被碳汇变化大。以 1998 年天保工程实施时间为节点，工程实施前（1977 ~1998 年），黄河上中游工程区、长江上游工程区植被碳汇表现为增加，但重点国有林区植被碳汇表现为减少。在实施天保工程后（1999 ~2013 年），各工程区植被碳汇增加明显，与天保工程实施前植被碳汇变化相比，黄河上中游工程区、长江上游工程区、重点国有林区和整个天保工程区植被碳汇分别增加了 324.5Tg、807.0Tg、474.3Tg 和 1605.8Tg（图 5-2）。

表5-5 天保工程区植被碳储量及碳密度

区域		1977~1981年		1984~1988年		1989~1993年		1994~1998年		1999~2003年		2004~2008年		2009~2013年	
		碳储量/Tg	碳密度/(Mg/hm²)	碳储量/Tg	碳密度/(Mg/hm²)	碳储量/Tg	碳密度/(Mg/hm²)	碳储量/Tg	碳密度/(Mg/hm²)	碳储量/Tg	碳密度/(Mg/hm²)	碳储量/Tg	碳密度/(Mg/hm²)	碳储量/Tg	碳密度/(Mg/hm²)
黄河上中游工程区	甘肃	98.3	45.2	102.7	42.3	105.4	48.2	100.8	52.5	102.1	53.2	115.7	54.2	122.5	49.5
	青海	10.5	30.4	16.1	37.6	15.7	38	15.1	49.4	16.9	49.38	18.1	51.1	16.4	43.4
	宁夏	5.6	25.1	5.9	23.6	5	22.8	3.8	37.5	3.3	35.7	4	35.6	4.7	29.5
	陕西	207.7	41.2	212.6	40.4	221.7	42.2	219.4	44.6	224.8	44.2	262.3	46.3	281.6	44.1
	河南	35.4	24.8	42.8	27	36.9	22.1	44	29.4	63.5	32.1	94.3	33.3	109.3	35.8
	山西	24.3	25.3	28.8	24.5	36.8	25.9	41.3	28.1	45	28	53.2	30.9	60.5	28.8
	内蒙古	519.8	33.8	547	35.4	569.5	36.2	553.5	39.8	634.4	39.5	672.6	40	783.7	45.8
	合计	901.6	35.3	955.7	36	991	36.9	977.9	40.5	1089.9	40.2	1220.1	41.2	1378.7	43.5
长江上游工程区	四川+重庆	424.6	55	442.8	37.7	581.1	47	586.4	49	645.6	51.4	713.4	53	754.9	54.1
	西藏	275.7	72.5	253.3	66.6	449.1	93.4	395.9	97	852.7	101	851.2	101.2	848.9	100
	湖北	61.6	15.9	65.1	16.6	68.4	16.8	82.6	20.7	94.8	22.8	145.7	28.7	202.2	35.3
	云南	515.5	49.4	562.2	54.7	532.6	61.9	578.5	49	678.6	50	798.7	54.2	884	57.9
	贵州	96.3	37.5	89	36.6	56.2	20.7	73.1	24.2	87.1	25.3	129.8	32.6	176.5	36.7
	合计	1373.7	48.4	1412.3	43.8	1687.4	38.5	1716.5	49.2	2358.8	57.1	2638.8	59.1	2866.3	60.8
重点国有林区	吉林	468.8	64.6	447	60.1	497.8	65.7	454.2	64.9	474.2	66.7	502.3	69.1	541.3	71.8
	黑龙江	948	52.2	825.1	44.6	838.1	43.7	796.2	45.4	850.7	47.5	985.2	51.5	1037.7	53.2
	新疆	92.1	66.4	83.3	45.7	85.3	53.4	98.5	57.3	103.6	66.3	110.5	65.3	122.4	68.3
	海南			23.9	31.2	40.6	48.4	46.3	56.6	51	57.2	50.7	60.2	54.2	55.9
	合计	1508.8	56.3	1379.3	48.3	1461.8	50.1	1395.1	51.5	1479.5	53.8	1648.7	57	1755.7	58.9

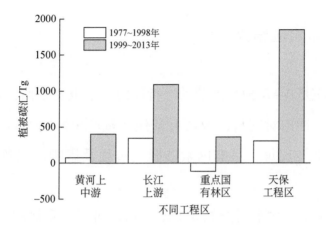

图 5-2　天保工程实施前后植被碳汇变化

天保工程区植被碳密度在 15.90 ~ 101.2Mg/hm², 其中黄河上中游工程区植被碳密度表现为增加趋势, 而长江上游工程区和重点国有林区植被碳密度表现为先减小后增加, 且天保工程实施后, 各工程区的植被碳密度都表现为增加趋势 (图 5-3)。

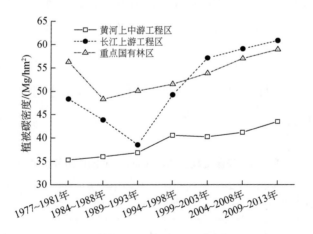

图 5-3　不同工程区不同调查时期的植被碳密度

5.3.2　脉冲响应结果

脉冲响应是 VAR 模型系统动态特征的一个重要方面，它刻画每个变量的变动或冲击对它自己及所有其他变量产生影响的轨迹，并通过脉冲响应图来展现每个影响因素的影响过程及影响的正负（张延群，2012）。

经检验后，模型整体呈稳定状态，所以可以断定运用 VAR 模型进行相关问题分析的前提条件得以满足。随后，我们分别以天保工程区这一整体及其各省（自治区、直辖市）为单位，分别对选定的碳储量的影响因素施加一个冲击，得到碳储量对各影响因素冲击的响应结果。以天保工程区的脉冲响应结果为例，来分析碳储量对各冲击的响应（表 5-6）。根据样本数据容量，将冲击响应期设定为 10 期，绘制出碳储量的脉冲响应曲线，分析碳储量变化的轨迹，确定不同影响因素对碳储量的影响。其中，"期"是"滞后期"的意思，在 VAR 模型中，每个回归式中都需要用滞后的解释变量对被解释变量的当期值进行回归，因此只有时间序列才有滞后期的概念，为便于理解，我们可以简单地将它理解为年。

表 5-6　天保工程区 dlncarbon 脉冲响应函数结果

时间/年	dlncarbon	dlntimber	dlnreforest	dlntending	dlnfire	dlnpest	dln$t$	dln$p$
1	100.00	0.00	0.00	0.00	0.00	0.00	0.00	0.00
2	91.09	0.043	0.66	1.94	1.68	0.53	2.19	1.86

时间/年	dlncarbon	dlntimber	dlnreforest	dlntending	dlnfire	dlnpest	dln$t$	dln$p$
3	77.87	7.54	3.12	2.17	3.98	0.41	3.36	1.56
4	77.74	7.17	2.41	4.95	3.34	0.39	2.48	1.52
5	74.71	8.77	4.35	4.15	3.67	0.69	2.39	1.26
6	73.28	9.46	4.43	3.92	4.48	0.67	2.55	1.21
7	72.23	10.79	4.33	3.74	4.46	0.69	2.59	1.17
8	72.36	11.10	4.27	3.56	4.35	0.74	2.47	1.17
9	71.76	11.40	4.29	3.61	4.58	0.74	2.50	1.12
10	71.49	11.78	4.27	3.51	4.61	0.73	2.49	1.12

从三个工程区的脉冲响应结果来看，不同影响因素对森林碳储量的影响冲击有正也有负，碳储量对各影响因素的冲击响应曲线的波动范围也不尽相同，但总体趋势大体一致（图 5-4）。以黄河上中游天保工程区碳储量的脉冲响应结果为例说明不同因素对碳储量的影响［图 5-4（c）］。曲线 dlncarbon 为碳储量受自身影响冲击的脉冲响应轨迹，该曲线呈现出不断下降的趋势，表明碳储量受自身的影响越来越小；曲线 dlnpest 为碳储量受森林病虫害冲击的脉冲响应轨迹，该曲线基本都在横轴以下波动，表明森林病虫害不利于碳储量的增长；曲线 dlntimber 表示碳储量受木材产量冲击的脉冲响应轨迹，木材产量对森林碳储量的冲击呈很明显的负向冲击，且负向作用很大，这与我们所理解的"木材产量的增长会对森林碳储量的减少产生一定影响"是相一致的；曲线 dlnreforest 表示碳储量受造林冲击的脉冲响应轨迹，该曲

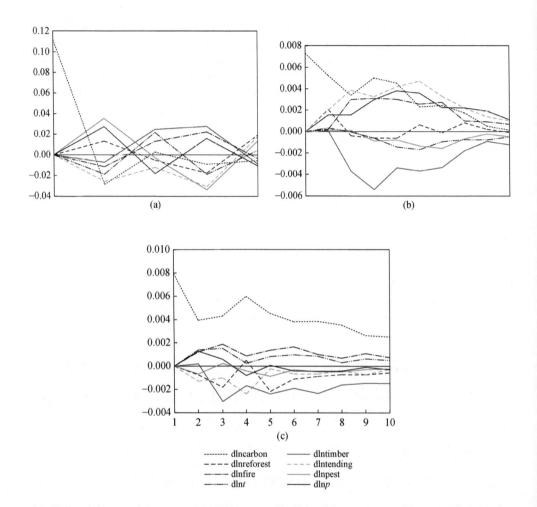

图 5-4 长江上游工程区、重点国有林区和黄河上中游工程区植被碳储量的脉冲响应图

（a）（b）（c）分别代表长江上游工程区、重点国有林区和黄河上中游工程区；横轴表示冲击作用的滞后期数，纵轴表示碳储量（dlncarbon）的变动值，横轴上方的部分为碳储量受各个影响因素作用后产生的正向反应，即各影响因素对碳储量产生了正向作用，横轴下方的部分则表明各影响因素对碳储量产生了负向作用；dlncarbon、dlntimber、dlnreforest、dlntending、dlnfire、dlnpest、dln$t$ 和 dln$p$ 分别代表碳储量轨迹、木材产量轨迹、人工更新造林面积轨迹、森林抚育面积轨迹、森林火灾面积轨迹、病虫害发生面积轨迹、年均温度轨迹和年均降水量轨迹

线围绕横轴上下波动，且负向作用略大一些，说明造林对黄河上中游天保工程区的碳储量没有起到促进的作用，尽管如此，其对碳储量的负向作用仍远不及木材产量带来的负向作用；曲线 dlntending 表示碳储量受森林抚育冲击的脉冲响应轨迹，森林抚育面积对碳储量的冲击也是呈上下波动趋势，该曲线在前几期呈现出不断增强的负向作用，随后不断向横轴靠近，即在后几期负向作用不断减小，表明森林抚育对碳储量的作用是一个长期的作用，森林抚育这项工作还需持之以恒；曲线 dlnfire、曲线 dln$t$、曲线 dln$p$ 分别表示碳储量受火灾、温度和降水冲击的脉冲响应轨迹，三者的冲击给碳储量带来的波动范围不大，影响有限。

5.3.3 天保工程区及各省（自治区、直辖市）碳储量影响因素比较

脉冲响应直观地分析了各因素对碳储量影响的正负效应，而方差分解则可以进一步定量分析在长期森林碳储量变动过程中，不同影响因素对碳储量的影响程度。通过对 dlncarbon 进行方差分解，并通过区域间比较，可以判断天保工程区及 17 个省（自治区、直辖市）森林植被碳储量的主导影响因素。

天保工程各省（自治区、直辖市）及不同工程区中各影响因素对碳储量的影响比例不同（表5-7）。其中，各方差分解结果均以百分制表示，且每一个省（自治区、直辖市）所有影响因素的影响程度之和为100%。以甘肃省为例，甘肃森林碳储量的增长过程中，49.23%受

植被的自身生长影响，33.78%受木材产量的影响，4.82%受人工更新造林的影响，0.95%受森林抚育的影响，1.31%受森林火灾的影响，6.57%受森林病虫害的影响，2.96%受年均温度的影响，0.38%受年均降水量的影响，而这些影响程度之和为100%。

表 5-7　碳储量变量分解结果　　　　　　（单位:%）

地区	预测误差	dlncarbon	dlntimber	dlnreforest	dlntending	dlnfire	dlnpest	dln$t$	dln$p$
甘肃	0.017	49.23	33.78	4.82	0.95	1.31	6.57	2.96	0.38
河南	0.053	76.07	1.54	6.96	2.00	4.47	6.53	1.63	0.80
内蒙古	0.020	67.96	15.11	1.97	1.52	9.14	0.59	1.05	2.68
宁夏	0.050	43.13	11.99	9.03	17.48		14.78	2.98	0.61
青海	0.872	73.77	3.26	5.86	5.90		2.78	0.29	8.13
山西	0.016	64.69	16.84	5.91	6.50	3.12	1.30	1.12	0.51
陕西	0.017	71.90	4.54	0.79	3.31	6.56	7.26	4.82	0.82
吉林	0.021	52.88	12.16	11.07	5.91	6.26	2.37	6.95	2.39
黑龙江	0.022	40.90	33.89	10.77	1.22	2.59	1.11	1.84	7.67
新疆	0.013	37.16	4.69	9.64	2.79	2.17	39.61	2.08	1.86
云南	0.214	75.96	4.62	5.94	1.82	3.54	2.50	5.14	0.49
贵州	0.085	78.49	6.76	0.80	0.36	0.55	8.19	0.83	4.02
湖北	0.037	27.13	0.15	2.66	41.08	4.44	0.81	23.60	0.14
四川	0.027	78.30	1.69	6.45	7.89	0.90	2.53	1.12	1.11
西藏	1.487	16.07	5.75	1.73		66.94		4.09	5.42
黄河上中游工程区	0.017	71.49	11.78	4.27	3.51	4.61	0.73	2.50	1.11
重点国有林区	0.021	34.21	20.23	19.11	12.04	9.86	1.43	1.72	1.40
长江上游工程区	0.170	50.98	5.93	4.86	7.75	3.88	15.99	4.63	5.99

不考虑碳储量自身的影响，将以上各地区其余 7 个影响因素的影响程度根据其大小进行排序，可以更直观地比较不同区域影响碳储量的主导因素，结果见表5-8。

表5-8 各省（自治区、直辖市）及不同工程区碳储量影响因素程度排序

地区	各影响因子排序
甘肃	dlntimber>dlnpest>dlnreforest>dln*t*>dlnfire>dlntending>dln*p*
河南	dlnreforest>dlnpest>dlnfire>dlntending>dln*t*>dlntimber>dln*p*
内蒙古	dlntimber>dlnfire>dln*p*>dlnreforest>dlntending>dln*t*>dlnpest
宁夏	dlntending>dlnpest>dlntimber>dlnreforest>dln*t*>dln*p*
青海	dln*p*>dlntending>dlnreforest>dlntimber>dlnpest>dln*t*
山西	dlntimber>dlntending>dlnreforest>dlnfire>dlnpest>dln*t*>dln*p*
陕西	dlnpest>dlnfire>dln*t*>dlntimber>dlntending>dln*p*>dlnreforest
吉林	dlntimber>dlnreforest>dln*t*>dlnfire>dlntending>dln*p*>dlnpest
黑龙江	dlntimber>dlnreforest>dln*p*>dlnfire>dln*t*>dlntending>dlnpest
新疆	dlnpest>dlnreforest>dlntimber>dlntending>dlnfire>dln*t*>dln*p*
云南	dlnreforest>dln*t*>dlntimber>dlnfire>dlnpest>dlntending>dln*p*
贵州	dlnpest>dlntimber>dln*p*>dln*t*>dlnreforest>dlnfire>dlntending
湖北	dlntending>dln*t*>dlnfire>dlnreforest>dlnpest>dlntimber>dln*p*
四川	dlntending>dlnreforest>dlnpest>dlntimber>dln*t*>dln*p*>dlnfire
西藏	dlnfire>dlntimber>dln*p*>dln*t*>dlnreforest
黄河上中游工程区	dlntimber>dlnfire>dlnreforest>dlntending>dln*t*>dln*p*>dlnpest
重点国有林区	dlntimber>dlnreforest>dlntending>dlnfire>dln*t*>dlnpest>dln*p*
长江上游工程区	dlnpest>dlntending>dln*p*>dlntimber>dlnreforest>dln*t*>dlnfire

黄河上中游工程区、长江上游工程区和重点国有林区的碳储量

主导影响因素分别为木材产量、森林病虫害和木材产量，其对碳储量的影响程度分别为11.78%、15.99%和20.23%，远高于各工程区的其他影响因素，主导地位明显。但在重点国有林区，人工造林对碳储量的影响程度与木材产量相差不多，对碳储量的影响程度为19.11%，故可同样将人工造林视为重点国有林区碳储量的主导影响因素。

在黄河上中游工程区，甘肃、内蒙古和山西的碳储量主导影响因素与该区域一致，均为木材产量，影响程度分别为33.78%、15.11%和16.84%，主导地位明显；宁夏的森林抚育和森林病虫害两个因素对碳储量的影响程度分别为17.48%和14.78%，远高于其他因素，故可将二者同时视为该地区碳储量的主导影响因素；河南、青海和陕西三地各影响因素对碳储量影响程度的差距并不大，暂且只能将人工造林和森林病虫害、降水和森林抚育、森林病虫害和森林火灾分别视为三地影响碳储量的主导因素。

在重点国有林区，吉林的碳储量主导影响因素为木材产量和人工造林，黑龙江的碳储量主导影响因素为木材产量，二者与整个重点国有林区的主导影响因素一致；而新疆的碳储量主导影响因素则为森林病虫害，且影响程度高达39.61%。

在长江上游工程区，贵州、湖北和四川碳储量主导影响因素分别为森林病虫害、森林抚育和森林抚育，与整个区域一致；森林火灾作为西藏碳储量的主导影响因素，其影响程度高达66.94%；而在云南，各因素的影响程度相差不大，只有人工造林的影响程度稍大一些，为5.94%。

5.4 讨　论

5.4.1　天保工程实施对中国森林生态系统植被碳汇功能的影响

本研究得到 1977~2013 年天保工程区植被碳汇为 59.9Tg/a，其中黄河上中游工程区、长江上游工程区和重点国有林区年增加率分别为 12.89Tg/a、40.34Tg/a 和 6.67Tg/a。早期研究得到 1977~2003 年和 1977~2008 年中国林分生物量碳汇分别为 75.2Tg/a（Fang et al.，2007）和 70.2Tg/a（Guo et al.，2013），高于本研究的结果。这主要是由于重点国有林区在实施天保工程前，是我国重要的木材生产基地，在 1977~1998 年表现为碳源，但在天保工程实施 5~10 年后，其植被碳密度逐渐恢复到 1977 年水平（图 5-3），在三个区域子工程中，其碳汇功能最低。天保工程实施后，整个工程区内植被碳储量增加明显，且各工程区都表现为碳汇功能（图 5-2）。天保工程区内的天然林面积约占全国天然林总面积的 50%（国家林业局，1999），且工程区内天然林植被碳储量占工程区内森林植被碳储量的 96%（Guo et al.，2013），天然林是天保工程森林植被的主体。因此，加强对天然林的管理，提高天然林的林分质量，这必将在未来我国森林生态系统碳汇增量过程中发挥更加重要的作用（胡会峰和刘国华，2006）。

天然林资源保护工程作为我国最大的一项林业生态工程，它的启动与实施有助于有效保护和恢复中国森林资源，实现木材生产从采伐利用天然林转向经营利用人工林，恢复森林生态效益和功能，建立起比较完备的林业生态体系和合理的林业产业体系，它在国民经济和社会可持续发展中发挥着关键作用，对未来中国森林的可持续发展及碳汇的增加都具有重要意义。

5.4.2　管理措施对天保工程植被碳汇的影响

本研究通过对各影响因素的比较分析，确定了天保工程所在各区域碳储量的主导影响因素，其中木材产量是天保工程区黄河上中游工程区和重点国有林区碳储量的主导影响因素；森林病虫害是新疆碳储量的主导影响因素；木材产量是黑龙江碳储量的主导影响因素；木材产量和人工更新造林是吉林碳储量的主导影响因素（表5-7）。

不同区域的碳储量主导影响因素不同，这也是与各地的森林资源、生态环境及营林政策、营林活动的实施息息相关的。黄河流域和重点国有林区区域有我国严重的水土流失区，毁林开荒、陡坡耕垦，再加上长期以来森林植被过量采伐，使得森林资源遭到严重破坏（谢影和张金池，2002），进而对森林植被碳储量产生严重的影响，因此木材产量成为黄河上中游工程区和重点国有林区碳储量的主导影响因素有一定的现实依据。

重点国有林区中的吉林作为中国国有六大林区之一，是中国的重要林业基地，森林资源禀赋上的优势为吉林发展森林碳汇提供了必要条件。然而，中国吉林森林工业集团有限责任公司（简称吉林森工）

有林地公顷蓄积仅为 139.5m³，虽然比我国平均每公顷只有 70m³ 左右的平均水平高出较多，但与林业发达国家公顷蓄积 260～300m³ 相比，在每公顷森林蓄积量这一指标上还显现出了很大的差距（李珊，2012）。另外，中幼龄林面积所占比例不断上升，这将直接影响森林的总储蓄量和碳汇作用的发挥（王新闯等，2011）。因此，加强中幼龄林抚育，提高森林质量，已是吉林森工国有林区森林资源恢复、固碳能力提高的首要任务。

森林火灾较多的黑龙江、云南和内蒙古，三省（自治区）的森林火灾面积占全国的 80% 以上，其中黑龙江所占的比例最大（王效科等，2001）。该林区属于我国主要的碳汇区域，受温带和寒温带季风气候的影响，火灾发生频率较高，该林区的火源成灾率，特别是特大森林火灾的成灾率较高，远远高于全国平均水平。因此，在未来需要防止森林火灾成为影响这些区域森林植被碳汇功能的重要因素（Piao et al.，2009）。

新疆是全国面积最大的省级行政单元，约占我国陆地面积的 1/6，但森林蓄积量和森林覆盖率分别仅居全国第 10 位和第 31 位，森林覆盖率仅有 2.94%，远低于全国 18.21% 的平均水平，森林资源总量严重不足（李虎等，2003）。近年来，在林业重点工程的带动下，大规模的植树造林使得森林面积、林分蓄积和植被碳密度显著增加（石雷，2011），改善了新疆生态环境。陈耀亮等（2013）在对 1975～2005 年土地利用/覆盖变化对新疆森林碳循环的影响进行研究时也指出，植树造林新增碳储量 54.24Tg，是这时期新疆地区森林碳储量的最主要来源。人工造林是新疆地区植被碳储量增加的重要影响因素。

5.4.3　不确定性分析

首先，由于研究中选取的研究对象、研究方法、影响因子或是数据来源都有所不同，所以即便都是对同一地区碳储量影响因素进行研究，得出的该地区碳储量的主导影响因素也会略有不同。以黑龙江为例，通过运用 VAR 模型对其碳储量影响因素进行分析，所得到的黑龙江国有林区碳储量的主导影响因素是木材产量，其次是人工更新造林（表5-7）。续珊珊（2011）采用相同方法对黑龙江国有林区碳汇问题进行研究，得到的黑龙江碳储量的主导影响因素是森林抚育，其次是森林火灾；而在续珊珊等（2010）运用灰色关联法对辽宁等20个省（自治区）进行的森林碳汇影响因素分析中，在所选的人工更新造林面积、受害森林面积、森林病虫鼠害发生面积、木材产量和营林基本建设投资完成额5个碳储量影响因素中，黑龙江碳储量的主导影响因素是木材产量，其次是人工更新造林面积。以上研究结果虽略有不同，但总体上看还是相一致的。

其次，由于原始数据的缺失，青海和宁夏的森林火灾这一因素及西藏的森林病虫害与森林抚育这两个影响因素不能通过模型运行出结果，故不能与其他各省（自治区、直辖市）进行比较分析；而且由于样本容量的不足，该研究不能对海南碳储量影响因素进行具体的分析。

此外，该模型不关心每个方程的回归系数是否显著，对结果也缺少验证。检验的重点是模型整体的稳定性水平，只要 VAR 系统稳定，就可以利用脉冲响应函数和方差分解来研究随机扰动对变量系统的动态冲击（成艳，2009）。这些都有待日后对研究方法进行不断改进，在后续研究中不断加以完善。

5.5 结 论

1997～2013 年，天保工程区植被碳储量呈逐步增长的趋势，但不同区域之间差异较大，植被碳储量主要分布在西南和东北地区。天保工程的实施显著提高了工程区内植被碳汇功能，其中长江上游工程区植被碳汇对天保工程区植被碳汇贡献最大。

利用 VAR 模型研究天保工程区植被碳储量的影响因素是可行的。模型模拟结果表明，不同工程区植被碳储量的主导影响因素不同，其中黄河上中游工程区和长江上游工程区的植被碳储量主导影响因素分别为木材产量、森林病虫害和木材产量，而重点国有林区植被碳储量除受木材产量影响外，人工造林也是一个重要的影响因素。为了提高各工程区植被碳汇潜力，黄河上中游工程区和长江上游工程区可采取适当延长木材轮伐期和适度限制木材产量等措施；而重点国有林区的新疆、黑龙江和吉林则需要加强植树造林、森林防火与森林抚育等措施。

参 考 文 献

陈传国，朱俊凤．1989．东北主要林木生物量手册．北京：中国林业出版社．

陈泮勤．2004．地球系统碳循环．北京：科学出版社．

陈遐林．2003．华北主要森林类型的碳汇功能研究．北京：北京林业大学．

陈耀亮，罗格平，叶辉，等．2013．近30年来土地利用变化对新疆森林生态系统碳库的影响．地理研究，32（11）：1987-1999．

成艳．2009．开放经济下中国物价波动影响因素研究．厦门：厦门大学．

董承章，马燕林，吴靖．2011．计量经济学．北京：机械工业出版社．

方精云，陈安平．2001．中国森林植被碳库的动态变化及其意义．植物学报，43：967-973．

高铁梅．2006．计量经济分析方法与建模：Eviews应用及实例．北京：清华大学出版社．

胡会峰，刘国华．2006．中国天然林保护工程的固碳能力估算．生态学报，26（1）：291-296．

黄从德．2008．四川森林生态系统碳储量及其空间分异特征．雅安：四川农业大学．

蒋延玲，周广胜．2001．兴安落叶松林碳平衡和全球变化影响研究．应用生态学报，12（4）：481-484．

金峰，杨浩，蔡祖聪，等．2001．土壤有机碳密度及储量的统计研究．土壤学报，38：522-528．

李虎，吕巡贤，陈蜀疆，等．2003．新疆森林资源动态分析——基于RS与GIS的森林资源动态研究．地理学报，58：133-138．

李克让，王绍强，曹明奎．2003．中国植被和土壤碳贮量．中国科学，33（1）：72-80．

李珊．2012．吉林省国有森工林区森林碳汇能力研究．哈尔滨：东北林业大学．

李文华，罗天祥．1997．中国云冷杉林生物量生产力格局及数学模型．生态学报，17（5）：

511-518.

刘国华，傅伯杰，方精云. 2000. 中国森林碳动态及其对全球碳平衡的贡献. 生态学报，20（5）：733-740.

罗杰，周广华，赖家明，等. 2010. 遥感技术在川西天然林资源监测中的应用——以道孚县甲斯孔林场为例. 四川农业大学学报，28（3）：313-318.

罗天祥. 1996. 中国主要森林类型生物生产力格局及其数学模型. 北京：中国科学院研究生院（国家计划委员会自然资源综合考察委员会）.

罗天祥，赵仕洞. 1997. 中国杉木林生物生产力格局及其数学模型. 植物生态学报，21（5）：403-415.

倪延延，张晋昕. 2014. 向量自回归模型拟合与预测效果评价. 中国卫生统计，31（1）：53-56.

石雷. 2011. 近25年来新疆森林的动态变化. 干旱区研究，28：17-24.

童光荣，何耀. 2008. 计量经济学实验教程. 武汉：武汉大学出版社.

王立海，邢艳秋. 2008. 基于人工神经网络的天然林生物量遥感估测. 应用生态学报，19（2）：261-266.

王绍武. 1994. 近百年气候变化与变率的诊断研究. 气象学报，52（3）：261-273.

王效科，冯宗炜，庄亚辉. 2001. 中国森林火灾释放的 CO_2、CO 和 CH_4 研究. 林业科学，37：90-95.

王新闯，齐光，于大炮，等. 2011. 吉林省森林生态系统的碳储量、碳密度及其分布. 应用生态学报，22：2013-2020.

吴庆标，王效科，段晓男. 2008. 中国森林生态系统植被固碳现状和潜力. 生态学报，28：517-524.

吴振信，薛冰，王书平. 2011. 基于 VAR 模型的油价波动对我国经济影响分析. 中国管理科学，19（1）：21-27.

肖兴威. 2005. 中国森林资源清查. 北京：中国林业出版社.

谢影，张金池. 2002. 黄河、长江流域水土流失现状及森林植被保护对策. 南京林业大学学报（自然科学版），6：88-92.

邢艳秋，王立海．2007．基于森林调查数据的长白山天然林森林生物量相容性模型．应用生态学报，18（1）：1-8.

徐新良，曹明奎，李克让．2007．中国森林生态系统植被碳储量时空动态变化研究．地理科学进展，26（6）：1-10.

续珊珊．2011．中国森林碳汇问题研究——以黑龙江省森工国有林区为例．北京：经济科学出版社．

续珊珊，贾利，李友华．2010．森林碳汇影响因素的灰色关联分析——基于辽宁等20个省、区面板数据的实证分析．林业经济，3：30-35.

杨存建，刘纪远，张曾祥．2004．热带森林植被生物量遥感估算探讨．地理与地理信息科学，20（6）：22-25.

杨清培，李鸣光，王伯荪，等．2003．粤西南亚热带森林演替过程中的生物量与净第一性生产力动态．应用生态学报，14（12）：2136-2140.

于贵瑞．2003．全球变化与陆地生态系统碳循环与碳蓄积．北京：气象出版社．

张佳华，卞林根，延晓东，等．2006．碳循环及其对气候变化和人类生存环境的影响．气象科学，26（3）：350-354.

张延群．2012．向量自回归（VAR）模型中的识别问题——分析框架和文献综述．数理统计与管理，31（5）：805-812.

张志达．2006．天保工程"十五"总结与"十一五"展望．林业经济，1：49-52.

赵其国．1997．土壤圈在全球变化中的意义与研究内容．地学前缘，4（1-2）：153-162.

周传艳，周国逸，王春林，等．2007．广东省森林植被恢复下的碳储量动态．北京林业大学学报，29（2）：60-65.

周玉荣，于振良．2000．我国主要森林生态系统碳贮量和碳平衡．植物生态学报，24（5）：518-522.

Albritton D L, Allen M R, Baede A P M, et al. 2001. Climate Change 2001: The Scientific Basis. Contributions of Working Group I to the Third Assessment Report of the Intergovernmental Panel on Climate Change. Cambridge, UK: Cambridge University Press.

Allen P G, Morzuch B J. 2006. Twenty- five years of progress, problems and conflicting evidence in econometric forecasting. What about the next 25 years. International Journal of Forecasting, 22 (3): 475-492.

Bartel P. 2004. Soil carbon sequestration and its role in economic development: A doctor perspective. Journal of Arid Environments, 59: 643-644.

Bonan G B. 2008. Forests and climate change: Forcings, feedbacks, and the climate benefits of forests. Science, 320 (5882): 1444-1449.

Brown S L, Schroeder P E. 1999. Spatial patterns of aboveground production and mortality of woody biomass for eastern US forests. Ecological Applications, 9 (3): 968-980.

Cai W H, Yang J, Liu Z H, et al. 2013. Post-fire tree recruitment of a boreal larch forest in Northeast China. Forest Ecology and Management, 307: 20-30.

Cao S X, Wang X Q, Song Y Z, et al. 2010. Impacts of the Natural Forest Conservation Program on the livelihoods of residents of Northwestern China: Perceptions of residents affected by the program. Ecological Economics, 69: 1454-1462.

Chen Q Q, Xu W Q, Li S G, et al. 2012. Aboveground biomass and corresponding carbon sequestration ability of four major forest types in south China. Chinese Science Bull, 58 (13): 1551-1557.

Chong J F, Sha Y. 2008. Bayesian approach for ARMA process and its application. International Business Research, 1 (4): 49-55.

Ding Z L, Duan X N, Ge Q S, et al. 2009. Control of atmospheric CO_2 concentrations by 2050: An calculation on the emission rights of different countries. Science in China Series D: Earth Sciences, 52 (10): 1447-1469.

Dixon R K, Brown S, Houghton R A, et al. 1994. Carbon pools and flux of global forest ecosystems. Science, 263 (5144): 185-190.

Edstrom F, Nilsson H, Stage J. 2012. The Natural Forest Protection Program in China: A contingent valuation study in Heilongjiang Province. Journal of Environmental Science and Engineering, 1: 426-432.

Fang J Y, Wang G G, Liu G H, et al. 1998. Forest biomass of China: An estimate based on the biomass-volume relationship. Ecology Applied, 8 (4): 1984-1991.

Fang J Y, Chen A P, Peng C H, et al. 2001. Changes in forest biomass carbon storage in China between 1949 and 1998. Science, 292: 2320-2322.

Goodale C L, Apps M J, Birdsey R A, et al. 2002. Forest carbon sinks in the Northern Hemisphere. Ecological Applications, 12 (3): 891-899.

Guo Z D, Fang J Y, Pan Y D, et al. 2010. Inventory-based estimates of forest biomass carbon stocks in China: A comparison of three methods. Forest Ecology and Management, 259: 1225-1231.

Guo Z D, Hu H F, Li P, et al. 2013. Spatio-temporal changes in biomass carbon sinks in China's forests from 1977 to 2008. Science China: Life Sciences, 56 (7): 661-671.

Horst W, Andreas W, Fredrich K. 2005. Local impacts and responses to regional forest conservation and rehabilitation programs in China's northwest Yunnan Province. Agricultural Systems, 85: 234-253.

Janssens I A, Freibauer A, Ciais P, et al. 2003. Europe's terrestrial biosphere absorbs 7 to 12% of European anthropogenic CO_2 emissions. Science, 300 (5625): 1538-1542.

Johnston C A, Groffman P, Breshears D D, et al. 2004. Carbon cycling in soil. Frontiers in Ecology and the Environment, 2: 522-528.

Keeling C D, Whorf T P. 1999. Atmospheric CO_2 records from sites in the SIO Air Sampling Network. Trends: A Compendium of Data on Global Change. Oak Ridge, TN: Carbon Dioxide Information Analysis Center, Oak Ridge National Laboratory.

Ketterings Q M, Coe R, van Noordwijk M, et al. 2001. Reducing uncertainty in the use of allometric biomass equations for predictiong aboveground biomass in mixed secondary forests. Forest Ecology and Management, 146: 199-209.

Kimble J M, Lal R, Birdsey R, et al. 2002. The Potential of U. S. Forest Soils to Sequester Carbon and Mitigate the Greenhouse Effect. Boca Raton: CRC Press.

Kurz W A, Apps M J. 1993. Contribution of northern forest to the global carbon cycle: Canada as a case study. Water, Air and Soil Pollution, 70: 163-176.

Lal R. 2004. Soil carbon sequestration impacts on global climate change and food security. Science,

304: 1623-1627.

Lal R. 2005. Forest soils and carbon sequestration. Forest Ecology and Management, 220: 242-258.

Li H, Mausel P, Brondizio E, et al. 2010. A framework for creating and validating a non- linear spectrum-biomass model to estimate the secondary succession biomass in moist tropical forests. ISPRS Journal of Photogrammetry and Remote Sensing, 65: 241-254.

Liu J G, Li S X, Ouyang Z Y, et al. 2008. Ecological and socioeconomic effects of China's policies for ecosystem services. PNAS, 105 (28): 9477-9482.

Lu D. 2005. Aboveground biomass estimation using Landsat TM data in the Brazilian Amazon Basin. International Journal of Remote Sensing, 26: 2509-2525.

Lu D, Mausel P, Brondizio E, et al. 2004. Relationships between forests stand parameters and Landsat Thematic Mapper spectral responses in the Brazilian Amazon Basin. Forest Ecology and Management, 198: 149-167.

McKenney D W, Yemshanov D, Fox G, et al. 2004. Cost estimates for carbon sequestration form fast growing popular plantations in Canada. Forest Policy & Economics, 6: 345-358.

Oreskes N. 2006. The scientific consensus on climate change. Science, 306: 1686.

Pan Y D, Luo T X, Birdsey R, et al. 2004. New estimates of carbon storage and sequentration in China's forests: Effects of age-class and method on inventory-based carbon estimation. Climate Change, 67: 211-236.

Pan Y D, Birdsey R A, Fang J Y, et al. 2011. A large and persistent carbon sink in the world's forests. Science, 333 (6045): 988-993.

Piao S L, Fang J Y, Zhu B, et al. 2005. Forest biomass carbon stocks in China over the past 2 decades: Estimation based on integrated inventory and satellite data. Journal of Geophysical Research, 110: 1-10.

Piao S L, Fang J Y, Ciais P, et al. 2009. The carbon balance of terrestrial ecosystems in China. Nature, 458: 1009-1012.

Post W M, Emanuel W R, Zinke P. J, et al. 1982. Soil carbon pool and world life zones. Nature, 298: 156-159.

Ramos M C, Martinez-Casasnovas J A. 2006. Erosion rates and nutrient losses affected by composted cattle manure application in vineyard soils of NE Spain. Catena, 68 (2-3): 177-185.

Ren G P, Young S S, Wang L, et al. 2015. Effectiveness of China's National Forest Protection Program and nature reserves. Conservation Biology, 29 (5): 1368-1377.

Salis S M, Assis M A, Mattos P P, et al. 2006. Estimating the aboveground biomass and wood volume of savanna woodlands in Brazil's Pantanal wetlands based on allometric correlations. Forest Ecology and Management, 228: 61-68.

Schott J R, Salvaggio C, Volchok W J. 1988. Radiometric scene normalization using pseudoinvariant features. Remote Sensing of Environment, 26 (1): 1-16.

Smith J E, Heath L S, Jenkins J S. 2003. Forest volume to biomass models and estimates of mass for live and standing dead arbors of U. S. forests. http:// www. arborsearch. fs. fed. us/pubs/5179 [2022-04-20].

Smith P, Fang C, Dawson J J C, et al. 2008. Impact of global warming on soil organic carbon. Advances in Agronomy, 97: 1-43.

Soojeong M, David J N, Michael J D. 2006. A temporal analysis of urban forest carbon storage using remote sensing. Remote Sensing of Environment, 101: 277-282.

Tan K, Piao S L, Peng C H, et al. 2007. Satellite-based estimation of biomass carbon storages for northeast China's forests between 1982 and 1999. Forest Ecology and Management, 240: 114-121.

UNFCCC. 1997. Kyoto Protocol Reference Manual. https://unfccc. int/resource/docs/publications/08_unfccc_kp_ref_manual. pdf [2022-02-03].

Waring R H, Landsberg J J, Williams M. 1998. Net primary production of forests: A constant fraction of gross primary production? Tree Physiology, 18 (2): 129-134.

Wei Y W, Li M H, Chen H, et al. 2013. Variation in carbon storage and its distribution pattern with stand age and forest type in boreal and temperate forests in Northeast China. PLoS ONE, 20 (8): e72201.

West P W. 2004. Arbor and Forest Measurement. Berlin: Springer-Verlag.

Winjum J K, Dixon R K, Schroeder P E. 1993. Forest management and carbon storage—an analysis of

参 考 文 献

12 key forest nations. Water, Air and Soil Pollution, 70 (1-4): 239-257.

Wu R D, Zhang S, Yu D W, et al. 2011. Effectiveness of China's nature reserves in representing ecological diversity. Frontiers in Ecology and the Environment, 9: 383-389.

Xiao Y, An K, Xie G D, et al. 2011. Carbon sequestration in forest vegetation of Beijing at sublot level. Chinese Geography Science, 21 (3): 279-289.

Xu B, Guo Z D, Piao S L, et al. 2010. Biomass carbon stocks in China's forests between 2000 and 2050: A prediction based on forest biomass-age relationships. Science China Life Science, 53: 776-783.

Yu D Y, Shi P J, Han G Y, et al. 2011. Forest ecosystem restoration due to a national conservation plan in China. Ecological Engineering, 37: 1387-1397.

Zhang P C, Shao G F, Zhao G, et al. 2000. China's forest policy for the 21st century. Science, 288: 2135-2136.

Zhang K, Hori Y, Zhou S Z, et al. 2011. Impact of Natural Forest Protection Program policies on forests in northeastern China. For. Stud. China, 13 (3): 231-238.

Zhao J F, Yan X D, Jia G S. 2012. Simulating net carbon budget of forest ecosystems and its response to climate change in northeastern China using improved FORCCHN. Chinese Geographical Science, 22 (1): 29-41.

Zhou W M, Lewis B J, Wu S N, et al. 2014. Biomass carbon storage and its sequestration potential of afforestation under Natural Forest Protection Program in China. Chinese Geography Science, 24 (4): 406-413.